优秀青年设计师
——深度解读室内设计进阶之路

深圳视界文化传播有限公司 编

中国林业出版社
China Forestry Publishing House

序言 PREFACE

致青年设计师：

  作为一个设计师，最重要的并不是自己学会了多少设计技巧，也不是了解多少行业知识，而是经过思考的创意能力和由心而发的设计热情！再者，相对于其他行业来说，设计行业本身就更注重于创意能力，而青年设计师作为设计行业的新鲜血液，就应该有更加敏锐和多元化的创造性。

  回首多年的设计历程，一路走来，我始终以"达者为新，观之有道"作为自己的设计宗旨，意在以豁达的胸襟看世界，以开阔的视野迎接新的创意与想法，并恪守宗旨、追求极致细节以创造出更精彩的作品。同样地，我希望代表着未来的年轻设计师们，可以随着时代的快速发展，视野越来越广阔，思路越来越清晰，可以为社会创造更多更好的优秀作品，引领设计蒸蒸日上地蓬勃发展。

  除了创意能力之外，更重要的还有对设计的热情与追求。我公司也有很多设计新人才，但我从不看重新人的学历，而更在意的是他们对待设计工作的态度，以及对设计的热情与情怀，是否能够正确理解我们所追求的共同理想与目标。

  很多媒体采访时都会问我，哪个作品是自己认为设计得最棒的？我的回答一定是"下一个作品！"这也是我对于自己每一次设计、每一个作品的严格要求，我一直很庆幸自己可以将这一要求坚持下来并不断完成实践。

  对于设计行业来说，如果没有足够的热情和坚定的信念，很多东西真的也就只是个梦想而已。拥有一颗热爱设计的心与坚定的信念，才能克服重重困难，屡步前行，唯有足够的坚持与热爱才有足够的韧性，才能走到自己完成设计梦想的那一天。

  5G新时代已经到来，先进的人工智能会对未来世界形成巨大的影响，但人类依然会追求更高、更美好的生活理想，这就需要像我们一样的艺术、设计等创意类行业工作者，不断创造更多更好的作品来建设我们的城市与生活环境。所以，"设计梦"不仅仅是我们的梦想，更是关乎促进社会向更美好方向发展的责任与义务。

  最后，希望每位新锐设计师怀揣着自己的设计热情，坚持自己的设计理想，用更加宽广的视野与更多样化的创意想法，铺设属于自己的设计之路！

上海达观建筑工程事务所

凌子达

一 以豁达环顾世界，用创意造美社会

Looking Around the World with An Open Mind, Creating a Beautiful Society with Creativity

设计师 / 凌子达
Kris Lin

上海达观建筑工程事务所
创始人 & 设计总监

二　明确职业发展规划，认真做有价值的设计
Being Clear About Career Development Plans, Doing Valuable Designs Seriously

当下中国各领域、各行业的迅速发展，代表着祖国不断前进的步伐，而一个国家发展得越快，那么它的社会需求性就会越大，设计便是其中必不可少的一项需求！

对于我来说，从事室内设计行业已有20余年，但对于中国的发展来说，20年是短暂的，也是年轻的。我们作为当下这一代设计师，需要对行业的发展、对行业的需求、对行业未来的前瞻性有深刻的认识。而就目前来看，我们更多的状态只是把设计当成一份工作来对待，缺乏深远的规划。既没有意识到这份工作的重要性，也缺乏一些潜在性深度的思考。在快节奏的生活中，如果没有明确的职业规划，是很难安下心来思考的，只是活在当下、做在当下，难免会出现工作不够踏实、浮躁、急功近利等问题。就比如你在还没有做好准备的情况下，却要不断往前跑，没有方向的奔跑，结果只会是徒劳，看不到目的地，却还会消耗掉我们的精力、体力。对于设计师来说，时间、精力、机会是三个很重要的条件，但是很多人没有好好珍惜它、运用它，反而浪费掉，从而导致基础不够踏实，设计出来的项目缺乏深入的思考，没有全局观念。我们作为新一代设计师，应该从中觉悟，做好人生的职业规划，从而真正促进室内设计行业的发展。

设计一直都是千人千面，无法形成一个统一且明确的标准。我们很多设计师对设计的理解还停留在比较浅的层次，甚至会出现迷茫的状态，这跟中国地大物博、人口众多、城市地区发展出现参差不齐的现象有关。一二线城市设计师对设计的理解会更清晰，因为客户需求会更明确；而其他三四线城市客户与设计师的关系不够明朗，造成设计师对专业的投入不够稳定。近几年，我有机会接触到部分年轻的设计师，他们中有一部分人对行业未来发展的方向感到非常迷茫，每天只是机械性地工作。也许，这不是个例，而是目前许多设计师普遍存在的一个问题。他们无法感知未来能得到什么，无法将设计提升到对社会贡献这个层面的思考，他们缺乏方向性，这样就造成了社会对设计师价值的认知比较有限，导致职业和社会关系的脱节，许多设计师甚至沉浸在自卑、懦弱的情绪中。其实，设计也是需要时间，需要沉淀，需要一步一个脚印的。

我们国家发展快，设计需求大，但同时也存在很多困难与冲突。首先，设计它呈现的面貌会随时代的变化而变化，设计出发点也会不一样。比如以前经常会讨论风格问题，而现在随着时代的发展更多的会考虑实用性问题。所以，确定阶段性目标，对于每个设计师来说都是很重要的，只有在阶段性目标明确之后，设计师在各方面的投入才会更适用。其次，客户需求众口难调，设计师在面对变化、面对不同客户时，需要采用不同的方式。很多时候由于与客户沟通的错位，导致客户对设计的不理解，从而产生对自身专业价值的否定。在面对这种难题时，设计师要端正自己的态度、责任和使命，不断提升修炼自己，重塑职业价值，坚定职业发展方向，尽量给客户带去更多利益回报，多建立彼此的信任感。然后，设计一直是肩负引导生活、引领时尚风潮的任务，设计师不能一味停留在抱怨客户不懂设计上，要回归设计师本身，尊重行业，正确认识职业的重要性，充分在设计中张扬自己的个性，把对未来的想象力通过作品展现出来，让更多人感受到设计的价值，引领设计大时代的到来。

现实中有很多人会误解设计具有强迫性，其实，设计师只是更专注于一个好作品！好作品是需要设计师与客户互相沟通、找到共鸣、付诸行动，才能最终呈现出的。而多年的行业经验告诉我，设计师要想设计一个好作品，是需要不断实践和时间沉淀，需要重视过程，需要勇于探索与挑战，而不仅仅把设计当一份工作，它是可以拉近社会各职业关系的理解和融合的，设计师应该在其中做最有价值的设计。

最后，生活中我们会遇到很多烦恼和迷惑，设计也如此，这是每个人一种真实状态的体现。作为设计师，应当专注设计，感性生活，理性工作，提升个人兴趣爱好，对生活充满想象，乐观积极对待生活。人生就是从懂到不懂、不懂到懂的过程，明确自己发展方向，不断解惑探索，才有进步。企业也一样，它作为一个集体，和社会关系更强，规划性也自然更强。而一个企业的发展关键在于体制、团队素质、服务等各方面的完善，需要依靠自身的积淀，不断保持正能量、有使命感地发展，最终才会成功。

PINKI（品伊国际创意）品牌创始人

设计师 / 刘卫军 Danfu Lau
PINKI（品伊国际创意）品牌创始人 & 首席创意总监
PINKI EDU 品伊国际创意美学院 创始人
全球华人知名室内建筑师
中国十大高端住宅设计师

目录 CONTENTS

他是2018 40under40中国青年设计领袖，从事设计18年，只专注于做高端室内设计的领跑者！	012
坚持对设计的热爱，认真做好一件事！——郑鸿访谈	013
515m² 大平层私宅设计，美学体验与生活温度无间交融！	017

披荆斩棘，突破重围的他演绎属于自己的"年少有为"！	026
经历凝结感悟，思考成就设计——黄全访谈	027
英伦名仕品格的优雅重现	029

从上市企业高管到设计公司创始人，在跨界这条路上，他有看得见的热忱与勇气！	038
对设计有一种情愫，就算全世界都反对也要一往无前——郑熙访谈	039
新时代里的雅致美学星空墅	041

她用一颗善良的心，建树这一番赤诚的事业！	050
用乐观的心态做一个能够多向发展的空间设计师——周谦如访谈	051
美好空间演绎幸福生活	055

90后新生代设计师：她的坚持，做一个"慢节奏不粗糙"的设计工作室；她的设计，更多的是在传递对生活对世界的感悟；她的生活，比想象的还有趣！	**066**
也许下个路口梦想就实现了，我们要试试才知道！——宁洁访谈	067
一半冷艳 · 一半迷红	069

留洋美女设计师回国后的进阶之路	**080**
感受牵引领悟，经历是最好的导师——张晓薇访谈	081
千古涟漪清绝地 广寒宫阙人间世	083

成功只青睐运气好的人？所有幸运都是先苦后甜换来的结果！	**094**
以前瞻性眼光脚踏实地去努力，是成功的根基——方磊访谈	095
构筑天真童年，创造天伦之乐	099
当代设计勾画民族传统人文	109

在不断尝试中找回了那条专属自己的坦途，他要再为设计奋斗50年！	**116**
见过纷繁世界，蓦然回首，最初的梦想还在心底深处！——岳蒙访谈	117
东韵西骨	121

美女BOSS诞生记：如何从设计小白走进全球设计百强公司，再独立创业成功，号称女魔头！	**130**
脚踏实地的出好作品，赋予公司更多可能性！——汪子滟访谈	131
都市精致主义 纵享材质之美	133

梦想与坚持兼具的 80 后创业型设计师，立志打造全球最优秀的设计平台！	**142**
在继承中创新，坚持设计多元化——王超访谈	143
彩云之都，滇池之南	145
现代轻奢演绎的内涵优雅	153

一个喜欢插花、沏茶、爱购物的感性设计师，以这样的方式沉迷于室内设计！	**158**
就算因为热爱设计而变成工作狂，也要好好照顾自己——黄加一访谈	159
法式轻奢感染家庭生活，是罗曼蒂克式的家居体验	163

他 23 岁开启创业之路，凭借对设计的热爱与坚持一路成长，在历经波折后收获巨大成功！	**176**
波折使人成长，他是这样证明自己的——张肖访谈	177
法式住宅下的浪漫与温馨	179
一位时尚奶奶的艺术之家	187

他直面角色转换的挑战，因为心中的设计归宿正在越走越远	**192**
感性伴随理性，用心做设计——姜万静访谈	193
780m² 唯美别墅，精致生活空间下的诗酒年华	195

一位主张情商生活美学的设计师，和她的"治愈系"设计团队	**208**
以高情商带领团队创造完美空间，成就更美好的人生——于扬访谈	209
观心观世界，品质品生活	213

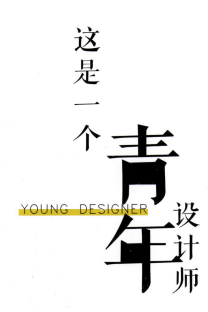

这是一个青年设计师

YOUNG DESIGNER

升级"打怪"的成长史

……

专注"个性化"私宅定制，在一步步突破中实现设计师的个人价值	220
做热爱的事业，坚持最初的设计梦——吴振宝访谈	221
岁月静好的现代简约生活	223

海归十年的夫妻档创业路，他在设计多元化的探索和创新中始终坚守初心！	230
Keep going，他一直在路上！——何丹尼访谈	231
传递品质生活的温馨之家	233

她，带领着一批"美女战士"为大家创造幸福的梦	238
勇敢做梦，虚心学习，大胆设计！——龙海玲访谈	239
家的宁静，温润心灵深处	241

热爱设计，追求细节的他，在联合创业的道路上不断成长	248
有一个志同道合的合伙人，这很重要——郦潘刚访谈	249
西情东韵，品味优雅人生	251

年轻有实力的他，演绎普通设计师到设计总监的蜕变之路！	258
努力才有回报，凭借实力说话！——力楚访谈	259
多变而自由，发挥空间大局观，打造现代时尚天地	261

实现梦想的过程不总是一个人，这个设计师集结了一群人！	272
众人拾柴火焰高，团队是1+1大于2——戚晓峰访谈	273
海上升明月，芳华落人间	275

你可能知道了结果,却没有看到过程……

哪儿？

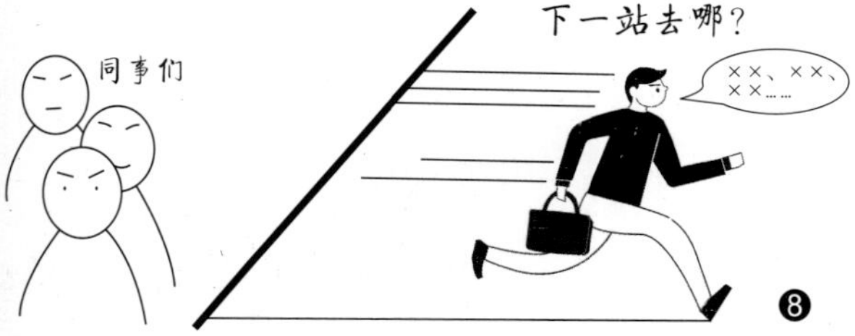

同事们

下一站去哪？

××、××、××……

⑧

设计师必备的技能

"苦熬"

不长，差不多2-3年吧

⑨

⑩

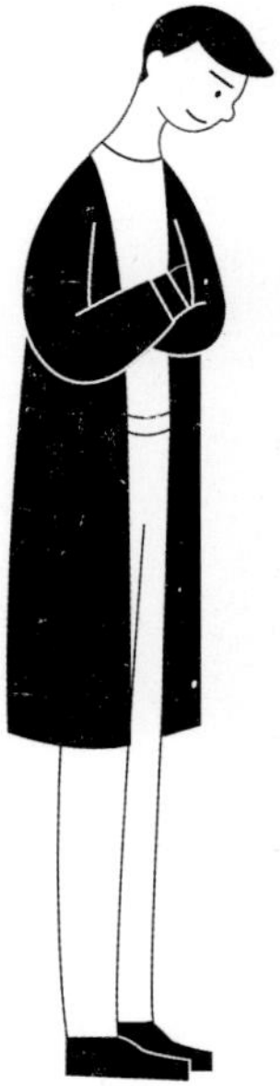

优秀青年设计师

压力君 困难君 懒惰君 拖延君 改稿君

终于！客户急召
跑材料去了！
客戶急召去了！

下午三点

**要不——
还是用第一稿吧！**

下午五点半

客户：嗯，这样可以！
客户：不错啊！

终于！不改了！

某某某，在
（刚出差回来的总监）

**去工地了！
跑材料去了！
客戶急召去了！**

他是 2018 40under40 中国青年设计领袖，从事设计 18 年，只专注于做高端室内设计的领跑者！

He Is the Leader of the 2018 40under40 Chinese Young Designers. He Has Engaged in Design for 18 years and Is the Pacesetter of High-end Interior Design.

2005 年创立个人工作室

2007 年成立深圳市鸿艺源建筑室内设计有限公司

40under40 中国青年设计领袖

中国室内设计师协会会员

深圳十大杰出青年设计师

深圳室内设计师协会理事

扫码查看电子版

设计师档案 · 设计师访谈 · 项目与故事

郑鸿 / Henry Zheng

鸿艺源设计 创始人 | 总设计师

设计师档案

　　郑鸿专注于高端室内设计研究，是高端室内设计的领跑者。18 年以来，他始终围绕着高端豪宅室内设计，一步一个脚印地坚定前行，关注生活品位、空间美学、科技智能和全维度贴心服务，为客户提供尊享的室内硬装及软装设计服务。

　　坚持有爱有温度的设计理念既是郑鸿做设计的初心，也是始终支撑他做出备受好评的设计的动力。正是这样的专注，让他在实现中国顶级豪宅的过程中，收获了来自深圳湾 1 号、招商双玺、华润悦府、万科东海岸、汉京九榕台、华侨城新天鹅堡、华侨城波托菲诺纯水岸等 400 多位豪宅客户的高度认可。

视界对话郑鸿
坚持对设计的热爱，认真做好一件事！

首先，非常恭喜您当选2018 40under40中国青年设计领袖，获此殊荣最大的感受是什么？

郑鸿：最大的感受是自己快40了，已经做了18年的私宅设计，从入行一直坚持到现在，也获得了自己的一些所想和所得。获得这个奖项，其实对自己是一种鞭策，鞭策自己要不断提升设计实力，做得更好。

从2000年您来到深圳从事别墅、豪宅的设计，到2005年创办了鸿艺源设计，再到今天已经快20个年头，是什么让您一直坚持对设计的这份热爱？

郑鸿：应该是客户的认可吧。每个客户都带着强烈的"自我"而来，我们会基于他们的个性与需求去进行设计，用我们的专业与服务去实现他们关于家的梦想，这是一件很容易获得幸福感的事情。在与客户的交流中，我能感受到他们的热情，这也使我一直坚持着对设计的热爱。

当初怎么想到要创立自己的设计公司呢？毕竟那时您已经做到了大公司设计总监的职位，而且在那个时期自己创业风险相对还是比较高的。

郑鸿：成立公司是因为想做自己的品牌，在自己的公司，不会受太多的限制，也可以专心做自己想做的设计。每个项目都是自己亲自把控，很多项目也是自己亲自操刀，还是回归那句话，我们一直在坚持做私宅设计。

在您看来，哪些人比较适合自己创业当老板？

郑鸿：首先，要有责任心、有担当，还要具备抗压能力。其次对社会，对他人一定要有奉献精神。要创业的话，一定要具备这些品质。

鸿艺源从最初您和您太太的夫妻档，到现在的规模，创业路上有没有一些印象特别深刻的故事跟我们聊聊？

郑鸿：我觉得我们公司现在还谈不上规模，仍然还是一个工作室的模式。我们所接触到的大多是一些高端客户，他们都是高层主管或者CEO等等，通过项目，最终和这些客户成为了朋友，这是创业中印象比较深的事情。

鸿艺源最开始的定位就是专注于做私宅设计吗？还是后来随着市场需求的改变，定位也随之慢慢做出调整？

郑鸿：鸿艺源从一开始就是一直在做私宅设计的。市场虽然一直在改变，但我们的定位不会调整，我们可能会创立第二品牌去做商业项目。像前面所说的，因为我们的客户他们大多是CEO，也有自己的商业项目，我们帮他们做了私宅之后比较满意，他们自己的办公室或者其他地产项目及酒店项目也会交给我们来做，所以我们可能再创立一个商业品牌，可以说是品牌延展，当然，我们现有的团队还是会专注于私宅设计。

▶ 提要 / Profile

- 始于初心
- 创业：自我设计的坚持
- 运营：不忘初心，做自己品牌的特色
- 理念：个性化 + 规范化 + 专业化
- 目标：行业的领跑者

代表作品

1 万科东海岸别墅

← 1

您觉得精准的品牌定位对于一家刚创业的设计公司是不是必须的？会带来哪些好处？

郑鸿： 刚开始要有一个时期是要求生存的，可以说是摸索期。之后呢，要懂得取舍和放下。有些大项目可能看上去很吸引人，但不一定是自己所擅长的，也没时间去专注于这样的项目，那么我宁愿放弃或者介绍给合适的朋友去做。因为我们做项目，要么不做，要做就做到最好。如果我们随意对待项目，对客户而言失去的是项目，对于我们来说，失去的是客户的信任和品牌。

所以在前期要摸索，一段时间之后就要学会思考、学会去定位，找到自己所擅长的领域，好处就是专长的事情会做得更得心应手，也会更加完美。

鸿艺源设计过很多知名企业高管和社会名流的私宅，在激烈的私宅设计竞争中，哪些优势会让客户最终选择鸿艺源？

郑鸿： 首先是人性化。我们所说的是设计就像一个人，不仅要外表美，还要有内在美，要内外兼修。每次和客户交流的时候，客户也很认同这个观点。其次，我们的服务和真诚也是能吸引到客户的地方，这些是我觉得最重要的。

鸿艺源团队曾获得过"2015年度中国十大设计团队"，在公司的经营上，您有没有一套自己的经营理念？

郑鸿： 我们所提倡的是个性化 + 规范化 + 专业化 = 鸿艺源化

个性化更贴合客户的需求以及其家人的需求，更私人化，而且可以被定制。它是独一无二的，也更人性化。个性化的实现，需要建立在前期与业主充分沟通的基础上，是个性化而不是标准化。

规范化主要是在设计的过程中，每个环节都严格按照设计规范来执行。无论是色彩控制、材质运用、空间比例的把控上，还是智能机电配套、绿色环保等方面，都按照标准来落地设计。

专业化的根本在于我们团队的专业素养不断优化，无论是平时公司内部的不定期专业性培训还是各个岗位的明确分工，我们都强调术业专攻，专业的事交给专业的人去做。

如何知人善用？公司培养人才的方法有哪些？

郑鸿： 首先，公司每年都会进行内部培训，平时团队还会自发组织分享和交流活动去提升团队的专业水平。

其次，对于不同类型的人才，要因材施教，看他们更擅长哪个领域，就为其提供专业的学习资源或者环境。

最后，做设计不要局限于室内领域，一个好的设计师要不断去完善自己的知识体系，拓宽自己的视野。对于鸿艺源来说，公司会组织各种不同类型的讲座或者培训，去引导大家开启新的知识领域。

人才是公司发展的根本，您需要为留住人才营造怎样的公司环境？

郑鸿： 一个轻松、舒适的氛围是很有必要的。在我们鸿艺源，所有的办公区几乎都是用

→ 1

代表作品

1 万科东海岸别墅
2 深圳翡翠海岸

透明玻璃来区分部门,而同事之间没有格子间的阻碍,可以自由互动交流。一整天的音乐环绕能缓解压力,有时候设计灵感不是源于冥思苦想,而是在一局桌球或者K歌的过程中诞生的,在我们公司,这些都能实现。

另外,同事之间相互尊重、相互学习的一个氛围也是必不可少的。在这种环境下,每个人的学习与发展目标会变得更加清晰,对于他们自身或者公司的发展都是有利的。

在用人过程中,有没有一些会是管理者常犯的错误?

郑鸿:在公司的管理过程中,一些失误是难免的。例如:不了解员工自身的发展目标,也就是前面提到的没有知人善用,没有把他们用好。

还有一个很常见的错误就是把工作定义得太局限,有些管理者会认为工作时间的每一分每一秒都应该花在工作上,其实适当进行一些放松情绪的活动,劳逸结合,会产生事半功倍的效果。

您的设计理念"坚持做有爱有温度的设计",听起来非常文艺,一个有情怀的设计师设计出来的作品往往更有温度和感染力,您是一个浪漫的人吗?

郑鸿:作品的温度和感染力其实更多的来自对客户喜好与需求的把握,需要设计师对细节的捕捉,对生活要处处留心。

我是一个对未知充满想象的人,我向往也一直在追寻高品质的生活模式,这种模式一定是内敛、以人为本的,让身心达到一种平和的状态。这种生活状态下,可以有音乐、有鲜花美酒、有运动后的酣畅淋漓……总之,可以有很多元素,重点在于去尝试,通过不同的方式去感知和把握,找到生活最自在的一种状态。我也希望通过自身的努力,把一种高品质的生活方式传递给更多的人。

对于丈夫和合伙人两个身份,您更喜爱或者偏重于哪个?

郑鸿:其实我们算是合为一体了,不存在丈夫和合伙人这两个身份。我们应该是共事很久的合伙人,然后各自负责自己擅长的领域。在生活中,当然更多的是丈夫的角色,所以不存在偏重哪个身份吧。

可以跟我们分享一下夫妻合伙创业的一些优势和注意事项吗?

郑鸿:一个人的精力毕竟有限,两个人共同去创立公司,分工明确,可以分别负责对外事务和对内事务,可以内外兼顾,也会更加默契。注意事项可能就是一定要分工明确,这样会比较有效率。

最后,随着中国室内设计飞速发展,您对鸿艺源的未来有没有一些新的展望?

郑鸿:作为一名室内设计师,我们始终心怀一份使命感,希望能为整个家装业带来一些正能量,希望整个行业的设计实力有所提升,让更多的家装设计师能有一个好的发展平台。同时,我们自己在高端私宅设计的道路上也会加快步伐,争取成为这个领域的领跑者。

项目与故事

515m² 大平层私宅设计，美学体验与生活温度无间交融！

The Design for the 515m² Large Flat Private House, a Fusion of Aesthetic Experience and the Temperature of Life!

项目名称 / 武汉天地云廷私人住宅
设计公司 / 深圳市鸿艺源建筑室内设计有限公司
设计师 / 郑鸿
项目地点 / 湖北武汉
项目面积 / 515 m²
主要材料 / 大理石、瓷砖、木地板、艺术涂料、艺术玻璃等
摄影师 / 黄明德

01 / Firstly

设计与环境融合，打造现代美学下的江景大宅

武汉天地云廷位于江岸区临江地带，伫立窗前，江滩上蓊郁的绿意自然、蜿蜒浩荡的长江中游，还有对岸林立的建筑轮廓，园景、江景、城景一览无余，生活在此，是静谧高雅、舒适自在的体验。本案面积 515 ㎡，是一层一户的大平层户型。

18 年来专注于高端私宅项目设计的本案设计师，坚持规避当下家装设计风格化大潮，为国内外顶级私人客户定制更美更安适的栖息空间。"每个客户都带着不同的'自我'来找到我们，设计师应该基于屋主的审美与个性，融合自身美学积淀的同时，将设计注入居住者的日常生活方式，以打造出承载他们理想与期待的居住空间，真正实现他们的丰盛人生。"郑鸿说道。

设计摒弃多余的造型和装饰，以简净的语汇、米灰色的低调温馨、品质承袭的家具软饰，拉近空间与生活的距离，打造一个美学体验与生活温度无间交融的居住空间。

02 / Secondly

从行为心理出发设计室内空间动线

人有很多无意识的动作或行为特征，根据这些动作和行为来设计室内的动线及家具布置，可以使得空间利用更加高效。作为一户一梯 515m² 的大平层空间，空间感本身已十分开阔，设计师需要实现的是功能齐全且质感尊贵的空间感受。宽大的会客厅、舒适的家庭厅、雅致的就餐厅，还有中西厨、视听室等等，生活与娱乐一应俱全，满足业主至高的期待！

"家，要内外兼修，除了色彩、材质这些外在艺术气质得到极致展现之外，空间比例、功能使用、绿色环保等方面也要得到科学把控。因此，综合屋主一家的实际需求及行为方式，我们将原始相对局促的五室规划，改造成三间套房，令私享空间更为宽敞、理想和舒适。"设计师郑鸿说道。

▶ 绢丝手绘框画

玄关正中的大理石墙前，是弧形绢丝手绘框画，其上道劲苍枝的古树描摹，与画前剔透的水晶山石摆件、两旁的写实山石雕塑轻轻呼应，在温煦的灯光下，空间萦绕着静逸自然的气韵。

| 五室改为三间功能齐全的套房 |

平面图

03 / Thirdly
找到合理的设计方式，突出家的个性气质

一个融合雅澹气质与休闲氛围的会客空间，需要注重空间的私密感和尊享气质。超大面积落地窗引入室外无限江景，东方意象与现代简约艺术在空间中相交织，打造静雅脱俗的美学体验。

扪布墙面、定制家具、极简灯具呈现简练的线条感；灰白色地毯选取水墨云朵意象，搭配抽象山水挂画的静默感、水纹屏风、圆月形灯带、水晶吊灯那流水昱昱的意蕴，空间呈现自然的朴雅意趣，与屋主的品位不谋而合。大理石背景墙上的菱形纹理，似无意拨弄的琴弦，余音扬扬。夜色下，窗上有圆月的影子相映叠合，静雅的气韵流淌于空间中。

1 别致的各式灯具
2 热带大叶植物背景墙
3 定制的 Armani 格纹橱柜

04 / Fourthly
善于运用家具造型，提升空间质感

餐厅与家庭厅设置在同一空间中，餐前与亲友坐候佳肴，餐后煮茶闲谈。定制的 Armani 格纹橱柜，定调空间的时尚轻奢之感，家具均采用同色系的简约造型；而热带大叶植物背景墙、别致的各式灯具、自由生长的绿植，为室内添色，带来温润鲜活的气息。

05 / Fifthly
极简元素与极简色彩，便是高级感的空间格调

近两年黑白灰色系的流行，让极简家居大放异彩，高级黑带来的奢华感与灰白带来的舒适感融合在一起，演绎着时尚雅致的潮范儿诱惑。同时，强调设计的减法，极简元素的广泛应用更适合现代人的审美情趣。

R 61	G 57	B 53
R 211	G 212	B 211
R 163	G 170	B 174
R 219	G 198	B 87

◀ **男孩房**

在灰咖色的主调下，融入明黄色加以点缀，匹配青春期的活力色彩。墙上留置的白幕，小主人可以进行天马行空的创作，或者一场电影的分享party，享受无拘无束的年少时代。

▼ **客卧**

大面积的格纹黑白背景墙，与空间单一的深色调搭配相得益彰。细腻亲肤的床品、开阔的视野享受，为亲朋提供一个安静雅致的休憩空间。

R 88	R 163	R 177
G 81	G 170	G 159
B 79	B 174	B 152

R 211	R 163	R 188
G 212	G 170	G 124
B 211	B 174	B 133

▼ 书房

沿用主卧的设计风格，简约而静谧，一旁的飘窗设计，提供静思小憩的放松时刻。写意鱼形手绘墙画，隐藏柜门设计的同时，动静相宜，为空间的质感构成了细致的平衡。

▲ 主卧

低调柔和的灰白配色与品质家具营造休息空间的简净高尚。极简灯饰的不对称搭配、艺术画及抱枕上的色彩、地毯上山水倒影的纹样，打破了空间的单调感，彰显室内别具一格的审美格调。

披荆斩棘，突破重围的他演绎属于自己的"年少有为"！

By Overcoming All Obstacles and Breaking through the Straits, He Interprets His Own "Young and Promising"!

设计师档案·设计师访谈·项目与故事

入选 2018 年安德马丁国际室内设计大奖

2018 胡润百富最受青睐的华人设计师

2018 英国 WIN 大奖

2017 美国 Spark Awards 火花设计奖

2017 英国 FX International Design Award

扫码查看电子版

黄全 / Quan Huang
G-ART 集艾设计 总经理 | 设计总监

设计师档案

设计师黄全，被胡润百富杂志评为最受青睐华人设计师，英国安德马丁奖最具人气设计师。他从业 16 年间佳作频出，获得过国内各项大奖，以及英国安德马丁、美国室内 BOY 最佳、英国 FX、WIN、SBID、IPA 亚太地产奖、意大利 A'Design、新加坡 SIDA 等全球重量级奖项，享誉国内外设计圈。

黄全受传统文化与海派精神的双重影响，凭借对市场的敏锐观察，他提出用现代化的设计语言诠释东方传统文化，以符合当下审美的设计理念。"海派东方"这一全新设计理念在他的职业生涯中逐渐成型，并始终贯穿于他的设计作品之中。

视界对话黄全
经历凝结感悟，思考成就设计

从事室内设计工作这么长时间，相比初入行，您对设计的认识会不会有一些变化？主要体现在哪些方面呢？

黄全：肯定会有点变化的。学生时代，刚刚开始从事设计的时候比较注重美观、外在的表现形式，现在更注重空间和人的关系，设计不仅是设计空间，更主要的是在设计生活。

2005您创立了集艾设计，并非常迅速地发展成为设计界的一颗耀眼新星。在您看来，集艾设计发展迅速是源于哪些方面的优势呢？

黄全：确切地说是2009年由几个合伙人一起创立。集艾并不是一个全新的公司——集艾的创立是在之前有十年施工经验的工程公司基础上创立的。优势上，首先是公司前身和一些地产有良好合作，其次是合伙人之间比较明确的分工协作。

集艾设计发展起来后，公司成员多达180余人，在集艾规模不断扩张的过程中，您主要扮演一个什么样的角色？负责管理还是纯粹做设计？

黄全：更准确一点说，目前有300多人了。在集艾，我更多的是一个设计师和旗帜的作用。我和其他设计师一样，管理并不是我的强项，但我了解设计师的诉求，了解设计师各个阶段的成长路径，所以在公司日常经营上不需要太多的所谓的管理，重要的是建立适应公司和个人发展相一致的组织架构和目标，这个梳理清晰了，管理就可以很自由。相对而言，设计是需要旗帜去规范和引导的，所以我会花更多的时间在与设计相关的研发创新上。

集艾设计的发展非常成功，在您看来，经营一家设计公司，最重要的是什么？哪些是成功必要的条件？

黄全：我们公司的理念一直是"能者上，平者让，庸者下"。一家公司宣传做得再好，如果没有实力就会露馅。实力是公司的根本，而实力的创造者是人才，人才是公司的命脉，也就是设计师们。所以我认为经营一家设计公司，最重要的就是有才华的设计师，无论年龄、国籍、学历等等，只要他们有才华，就给他们平台，一旦抓住机会，他们将会创造无限的可能。

当然，团队的凝聚力也很重要，只有一位设计师是绝对做不成一件案子的，只有团队中的所有人都发挥出自己力所能及的价值，一件案子才能在每一处细节上完美无憾。想成事，先成人，"人"应该是成功的必要条件吧。

感觉集艾设计的发展之路非常通畅顺利，中间有没有遇到过一些困难或者危机？可以跟我们聊一些事例吗？最后是如何解决的呢？

黄全：十年前，大陆设计公司还是非常弱势的，而港台公司在内地的优势很明显，他们发展得比较早，体系比较健全，大陆地产商的设计业务也大部分都被港台公司垄断。集艾发展到今天，困难和危机是必然存在的。

集艾也是从十几个人的规模发展到现在，从一开始业务量也非常有限。我们初期也只是做一些地产的小业务，慢慢的，因为对设计更加投入、费用更低、服务更好，所以在地产界口碑越来越好，这是一个很漫长的过程，有了这些积累，才有了集艾后来的成功。

▶ 提要 / Profile

- 创业初衷：热爱设计，追求细节
- 合伙人：共同理想、共同目标
- 颜青成立：全案模式
- 实景与拍摄：追求实景细节

→ 上海虹桥世界中心 - 智慧办公

在2015年您的公司被上市集团东日易盛收购，您的身价也随之暴增很多倍。当初是出于哪些方面的考虑同意被收购的呢？

黄全：任何行业发展到一定阶段都希望有更多的协同发展，希望规范化、规模化。与东易的联姻也是希望能有更多的协同发展，让设计有更多的可能。另外一个问题顺便要澄清一下，很多人说集艾被收购我个人身价倍增，其实集艾在被收购之前已经有非常好的营收，在收购后所创造的价值也远大于我们的估值。加上我也不是最大的股权转让者，我们有好几个股东，有些也需要退出的机制，并购是一个比较好的方式，如果单纯的经济考量的话，我并不是受益者。

设计公司的独立运营和在上市集团旗下运营肯定是不一样的，前后有明显的变化吗？两者之间的不同是什么？

黄全：最明显的是财务管理方面的变化，我们被纳入东易体系之后在财务规范化方面改善了很多。

并入上市集团后对公司的发展有没有一些优势？体现在哪些方面？

黄全：优势可能公司每年的任务目标更加明确，这可能是我们不断发展的动力。

您的设计项目多次出现在电视荧幕上，如《欢乐颂》《我的前半生》《南方有乔木》等热门电视剧都有您主创的设计作品，大受众人追捧。这是集艾品牌宣传的一部分吗？给公司带来哪些方面的影响呢？

黄全：电视剧取景，现在应该算是品牌宣传的一部分吧。把作品搬到影视剧中，起初是我们意料之外的，设计的时候也没有考虑到这个因素，被剧组取景也是机缘巧合，可能我们设计的办公样板间有很多不同场景的设置，很适合剧情的展现，很漂亮也很上镜的原因。后来电视剧组来取景的越来越多，也有了相关的考量，其实还挺有挑战的，也挺有趣的，当然也是希望让更多人欣赏我们的作品。影响主要是有圈外的粉丝了解到我们公司，对我们的品牌延伸有助力吧，公司员工看到电视剧上线也挺兴奋的。

您提出的"海派东方"设计风格在圈内也颇有名气，可以具体聊聊这种风格吗？它的特色体现在哪些方面？

黄全：东方历史源远流长，东方文化博大精深，而海派东方就是以东方为根基，融入一些海外的风格，让欣赏者第一眼看上去感觉是西式的设计，但仔细品味，设计中绝大多数又是属于东方的内涵和意向。

主要特色是它既承接了东方的厚重、沉稳、内敛，又连结了西方的外放，这样的设计让不仅只有设计师看得懂其中的寓意，一般的观赏者同样也能感受到作品散发出的东方底蕴，却又超前随和，让人更容易和更愿意去接受。

毕竟时尚圈的发展总是日新月异，一不小心就可能与时尚脱节。但您总能带领公司与时俱进，可谓是设计圈的标杆，是怎么做到设计与时俱进的呢？

黄全：市场变化得很快，后起之秀也很多。我肯定要经常关注时尚的资讯，多看、多想、多感受，不断地接纳新的事物，让新鲜的想法与我固有的思维去碰撞，让艺术再生吧。每一次设计，我也都会看作是一项全新的挑战，尝试去突破它。还有就是，我觉得一个人再怎么折腾，都还是有个体局限性的，所以其实可以给年轻的设计师更多的机会，不是说世界永远是属于年轻人的嘛，哈哈！

那么以您的视角来看，未来一年居住空间室内设计的方向大致是什么？

黄全：高级的个性化。产品从大众，走向了分众，走向了小众，消费群体越来越有自己的主见，所以现在不可能说拿出一件作品，我说它是好的，别人就都会认同它是好的，每个人都有自己审美下的感受差异，更何况是居住空间的设计，每一个个体都有自己对家的不同的向往，而我们设计师的职责就是引领审美朝着最先锋、最前卫的角度迈进，让个性化的设计达到最具品质的层面。

您在大家印象中已经是一位非常成功的青年设计师，可以分享一下这些年在设计方面的经验和总结吗？

黄全：设计师是技术性很强的职业，对于一个好的设计师来说，静下心来做设计很重要；设计师又是比较单纯的行业，任何时候都要不忘初心。

代表作品

1 莘庄中心
2 包头绿地国际花都一期售楼中心

→ 1　　→ 2

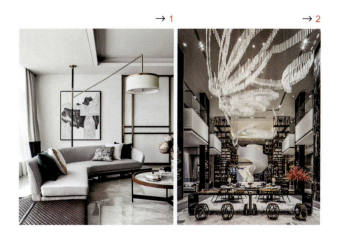

英伦名仕品格的优雅重现

项目与故事

The Elegant Reappears of the British Celebrity Character

项目名称 / 上坤上海樾山半岛别墅样板房
设计机构 / G-ART 集艾设计
项目地点 / 上海
项目面积 / 165 m²
主要材料 / 水晶、镜面、金属、玻璃、布艺等
摄影师 / 朱建利、孙骏

01 / Firstly

"海派东方"演绎人文精粹

佘山,被誉为上海的后花园,历来以人文荟萃的历史文化闻名遐迩。上坤樾山别墅遵循自然纹路,镶嵌在这极具人文情怀的天然栖息地上,设计师将海派东方作为设计出发点,在中西文化的融汇与对立中捕捉优雅的美学精髓。

合院以英伦名仕品格为设计线索,通过现代元素与古典浪漫的有机融合,展现世代传承之下,含蓄优雅的贵族风范。

02 / Secondly
家会有自己喜欢的异域文化

客厅采用几何图形与金属元素打造充满现代感的起居环境，墨绿色与咖色的搭配为空间带来尊贵的品质感。从古典造型简化而来的锥形水晶吊灯与其下的工业风茶几形成对比，跨时代的审美在此完美融合。

餐厅的一侧设置落地黄铜拉丝不锈钢玻璃屏风，与天花部分的金属相衔接，将玄关与就餐区分隔开，形成半包围空间，充满欧式古典浪漫主义的气息。透明吊灯似轻盈飞舞的气泡，也似圆润的音符，在金色的迷梦中演奏浮生若梦的旋律。

R 0	R 186	R 109
G 99	G 188	G 94
B 81	B 187	B 87

◀ 墨绿色与咖色的搭配为空间带来内敛而尊贵的品质感。

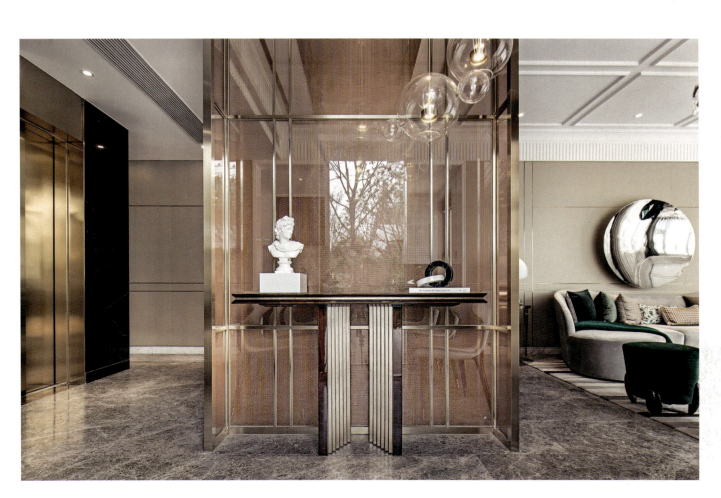

03 / Thirdly
照顾到一家人需求的家庭聚会区

纤细的金属黄铜是打造现代感的不二选择,搭配蓝灰调性的布艺面料,将摩登元素演绎得淋漓尽致。敞开式酒柜则以雅致的香槟色作为底色,借助两面背光打造轻快的视觉效果,在色彩与明暗的轻重比对间找寻平衡,是尝试亦是新的突破。

家庭聚会区利用室内结构的挑高处理和装饰镜面营造纵横延伸的空间感,金属装饰线条、悬垂的吊灯与地毯上的装饰线条形成呼应,将精致与典雅雕琢进每一处细节里。

金属装饰线条　　极具韵味的曲线　　丰富的几何元素

| R 0　G 77　B 67 | R 172　G 156　B 97 |
| R 84　G 86　B 54 | R 196　G 194　B 182 |

04 / Fourthly
高雅与质感体现在对细节的追求上

主卧背景墙面选用素雅的格纹,诠释不凡的英伦格调,金属装饰寓意浮萍与气泡,传达自在随心的人生观。镶嵌在块面边缘的金边如同珍藏版典籍中若隐若现的锁线,串联起悠久的家族历史。

05 / Fifthly
岁月沉淀后的回忆

双亲房以鎏金线条勾勒低调的奢华，不经意间透露出独特优雅的气质。黑白装饰画则是对静默时光的定格抓取，象征着经历岁月沉淀后的安好与宁静。室内陈设许多关于摄影的物件，充分迎合了居者的兴趣。

▼ 主卧卫生间选用灰调马赛克的拼接延承主卧的英伦元素，充满秩序感的线条搭建出一个理性、冷静又颇具时尚感的空间。镜子做了创造性的方框造型，穿插着置入照明设计，收纳柜做镜面处理，前卫却毫无违和感，既改善空间的视觉效果，又增加了室内的轻奢质感。

06 / Sixthly

彰显个性的空间非卧室莫属

男孩房将英式摇滚 The Beatles 作设计主题,在黑白调与墨绿色的混搭中找到现世潇洒与怀旧情结的折中点。几何是开启奇妙幻想的入口,片状圆形吊灯形似老唱片,以不规则扭转的造型演绎独属于少年的另类桀骜。

037

从上市企业高管到设计公司创始人，在跨界这条路上，他有看得见的热忱与勇气！

From the Executive of a Listed Company to the Founder of the Design Company, He Has His Obvious Enthusiasm and Courage on the Way to Cross the Boundary.

设计师档案·设计师访谈·项目与故事

2018 中国优秀青年室内设计师

40 UNDER40 中国（广东）设计杰出青年

2018 陈设中国·晶麒麟奖空间陈设美学优秀奖

2017 现代装饰国际传媒奖"年度软装陈设空间大奖"

香港理工大学设计硕士

香港画廊协会成员

深圳市陈设艺术协会理事

扫码查看电子版

郑熙 / Simon Cheng
WE Design 中熙设计创始人｜董事
WE GALLERY 维格列艺术创办人

设计师档案

郑熙早年成长于多元化的教育背景，热爱当代艺术并致力成为当代艺术的助推者，持续挖掘优秀国外艺术家作品引入中国。2010 年创办 WE Design 中熙设计事务所，致力于为追求高质量和高品位的房地产开发商、商业品牌、精品酒店和高端私宅业主，提供从室内设计、陈设艺术到艺术品顾问的全案设计服务。

他的设计主张融贯中西，兼具西方理性的建筑感与东方意境的艺术感。他认为，设计者要永葆前瞻性，拥有非凡的洞察力和预见性，才能帮有梦想的客户实现可预见的未来。

视界对话郑熙

对设计有一种情愫，就算全世界都反对也要一往无前

您曾在一家美国上市公司做到高管职位，已经有相当成就了，但即使如此，您还是毅然辞职，并在2010年开始转行创业，成立自己的室内设计团队——中熙设计，是什么原因让您做出这样的决定？

郑熙：主要是热爱吧，我因为先前工作的原因，能够接触到一些室内设计的工作内容，当时对于设计师的工作和生活状态是很向往的，再加上对于这个行业未来发展趋势的看好，所以当时很快就做了这个选择。身边的家人同事反而很吃惊，第一反应是"啊？！"，哈哈。

据说创业初期，您的家人不理解也不支持您创业，为什么？室内设计最吸引您的是什么？让您如此坚持要进入这个行业？

郑熙：因为我的家人都是同行，他们都是建筑师。他们可能比大部分人明白这个行业的生态，当然也是出于保护家人的这种心理，所以对于创业，我想大部分家长都是不倾向于冒险的。如果我的家人要开启一份新的事业，我也会劝他/她"小心一点喔，想明白了吗？"，哈哈。

室内设计最吸引我的，一是设计师那种"工作就是生活，生活就是工作"的状态，二是我看到过世界上一些设计比较发达的国家和地区，让我相信中国，乃至亚洲，都需要很棒的设计，让我们的文化、传统发光发热。

跨界创业是不是更需要勇气？在创业前期您都有做哪些准备？

郑熙：我一向认为人生做任何决定都需要勇气，当然创业需要的勇气大一点，跨界就需要更大一点。创业前期应该做好知识的准备、经济的准备和心理准备。

广告行业跟设计行业相比，会有不同吗？体现在哪些方面？广告行业的经验会不会给您的设计带来不一样的视角和创意？

郑熙：我觉得本质是相通的，所有的文艺创作都是人情的传达，是捕捉感情、表达感情、传递感情。一个人的人生经验，当然会带给设计不同的视觉和创意。

创办中熙设计时，对未来有哪些美好的愿景呢？最初给中熙设计的定位是什么？

郑熙：愿景是成为一间世界级的设计事务所，而且能够向世界传播东方的文化和美学。给公司的定位，一直都是朝这个目标在看齐，我设想事务所不一定很大，但是就像我的偶像安藤忠雄一样，能够做出令人骄傲的建筑。而给设计的定位，我想我们一直在探索现代的设计，简单、耐人寻味的空间，当然，也希望逐渐找到表现东方的表达方式。

如何理解中熙设计的理念"We Design Future（我们设计未来）"？您对未来设计的想象是什么样的？

郑熙：在各行各业，我们向来都倾向于接触一些相对前卫的项目。我们希

▶ 提要 / Profile

- 从美国上市公司辞职
- 面对环境的压力成立自己的设计团队
- 成立艺术商店
- 为艺术和设计的发展不断探索

→ "白"之情绪空间

望用设计与各行各业共同探讨、展示一些能够走在这个时代前沿的、代表先进的生活方式、商业模式。因为我们的身份是设计师，我们的天赋也大多集中在这个领域，所以我希望从设计的角度出发，和客户一起改变这个社会、这个时代。

"前瞻性的设计眼光和基于持续研究的洞察力"也是中熙设计的理念之一，可以具体谈谈这个理念吗？如何在设计作品中体现"前瞻性的设计眼光"？如何保持"持续研究的洞察力"？

郑熙：我们比较在意视野的广度和思考的深度，所以尽量在创作的时候多去做一些研究，既广泛地收集全世界的同类案例，也深入地分析案子深层次的逻辑和人的反应。所以我们不会太刻意用一种很炫的技术或材料，或者捕捉一个最流行的趋势，我们不太强调这个，我们希望关注的是项目发展的可能性和人在这个空间的反应。这些主要是建立在研究工作和大量的实地考察之上的。

如今中熙设计发展得很成功，您的父母身为建筑师，现在会在工作上给予您一些帮助吗？跟我们可以举例聊聊吧。

郑熙：比较少，偶尔看了公众号之后给我一些点评。我也比年轻的时候更重视家人和其他人不同的看法，因为我相信好的设计是更多的人可以感受和欣赏的。我们也会定期一起去实地考察一些建筑和项目，这也是家庭生活中蛮有趣的部分。

有没有一些自己这么多年创业的感悟可以分享给大家？

郑熙：如果你足够热爱一件事情，就放手去做吧，没有后悔、没有抱怨！

除了设计公司外，2011年您还创办了一家艺术商店——WE Gallery 维格列艺术商店，可以跟我们简单介绍一下这家商店的经营内容吗？您创办这个商店的初衷是什么？

郑熙：最开始的初衷是把身边的一些艺术家资源介绍给大众，所以创办了WE GALLERY画廊。当然传统的画廊还是很少一部分受众关注的事情，所以我们到2017年又创办了艺术商店，继续将艺术与商业结合，让更多年轻人、普通人都可以接触得到。

商店以"买得起的艺术"为经营理念，您为什么主张"买得起的艺术"？您对艺术品有哪些独特的理解吗？

郑熙：这个是我们的初衷嘛，我们看到很多年轻艺术家的作品根本没有画廊愿意卖，很多设计师、很多家庭想买一件特别一点的作品却没有门路，所以想架起一个这样的桥梁。"买得起的艺术"，我觉得很直接、很好懂，国际上其实一早就有这个概念，我们就拿来用了。

2018年12月您的WE Gallery艺术商店在深圳开了固定店，并举办了一场非常温馨浪漫的开业剪彩典礼。它从之前的快闪店到现在稳定下来，是您艺术事业发展的战略部署吗？今后在艺术事业上还有没有一些新的项目？

郑熙：这个是我们今后艺术这个板块发展的一个重点，就是会有更多的艺术商店出现在各个城市。

感觉您是一位很会做生意的设计师，您认为会做生意跟经营设计公司两者有关系吗？哪些是共通的？

郑熙：哈哈，不是吧。经营设计公司一定程度上是一门生意，但是设计又不能是生意，这个很奇妙，我也还在学习。

WE Gallery跟中熙设计两家公司在业务上会不会有一些联系？您是如何兼顾两家公司的？

郑熙：非常少，不同的板块有不同的经营模式。主要依靠团队，我很幸运，有两支可靠的团队，我没有三头六臂，都是靠大家的力量做出来的。

→ "白"之情绪空间

项目与故事

新时代里的雅致美学星空墅
Modern Elegant Starry Sky Villa

项目名称 / 花漾锦江美年中心星空墅
硬装设计 / 李玮珉建筑师事务所 + 上海越界建筑设计咨询有限公司
软装设计 / WE DESIGN 中熙设计事务所
软装设计团队 / 谷跃、莫伟伦、何玉琴、王华勇
项目地点 / 四川成都
项目面积 / 584 m²
摄影师 / 肖恩

01 / Firstly

将抽象的设计理念融入现实设计

设计团队希望用前瞻性的设计眼光、基于持续研究的洞察力,从体验、美学和服务三个维度演绎并传播当代空间美学,为终端使用者创造真实且独特的空间体验,实现"We Design Future(我们设计未来)"的设计理念,为居者创造最大化的空间价值。

02 / Secondly
前期规划要明确空间节奏关系

星空墅的空间设计部分由知名建筑师李玮珉先生主持,为项目建立了殷实的软装基础,也整理出良好的空间秩序,进退有度、虚实得当。在这样的基础上,设计师结合业主的需求与对于该项目的思考进行了软装陈设的设计与实施。

设计 Tips

花溪锦江美年中心是成都的地标性住宅项目,作为该项目的最大单位,星空墅对于这片住宅区别具含义,而这套别墅也早早被一知名企业家收入囊中。所以探讨当下精英阶层的居住意义与生活方式对于一个城市住宅风向的引领,成为了我们在构思此项目时不断的思考与实践的重要主题。

一层平面图

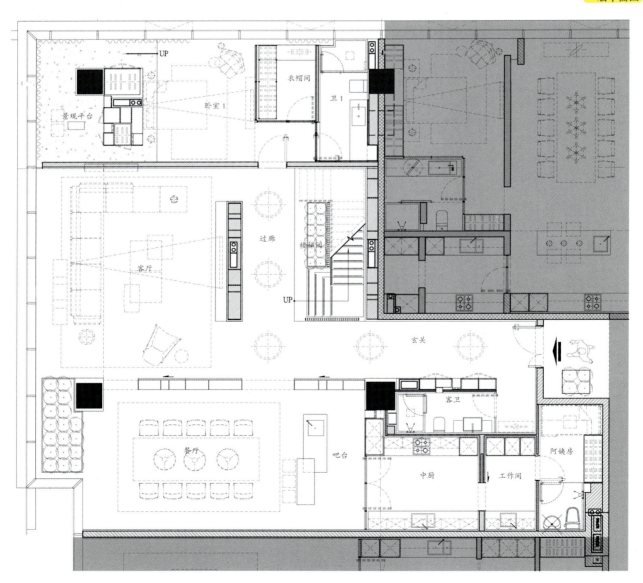

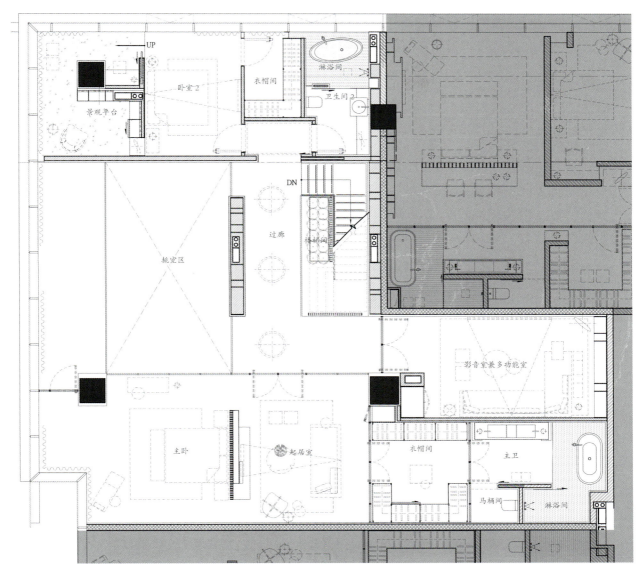

二层平面图

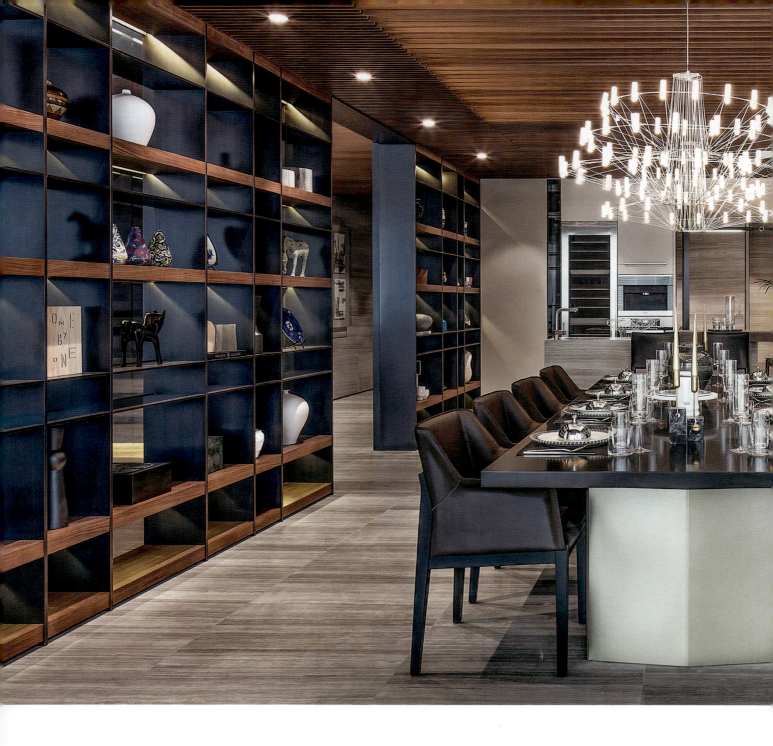

03 / Thirdly
丰富的元素体现审美包容性

项目中娴熟地运用了不同品牌的家具与灯饰，既包括众多知名品牌，也搜罗了一众新晋设计师作品；对于色彩、空间设计收放自如，同时也关注了使用者在空间中的细微感受；在空间中罗织了来自世界各地的艺术收藏、海报，对于任何细节的高审美标准体现了对多元文化和优雅审美的价值取向。

047

以环望全球顶级住宅空间为设计视角，星空墅展现了当代中国精英阶层的气度与气质：国际化的视野、对于财富驾驭有度、对于生活美感的追求和对于精神世界的进阶。

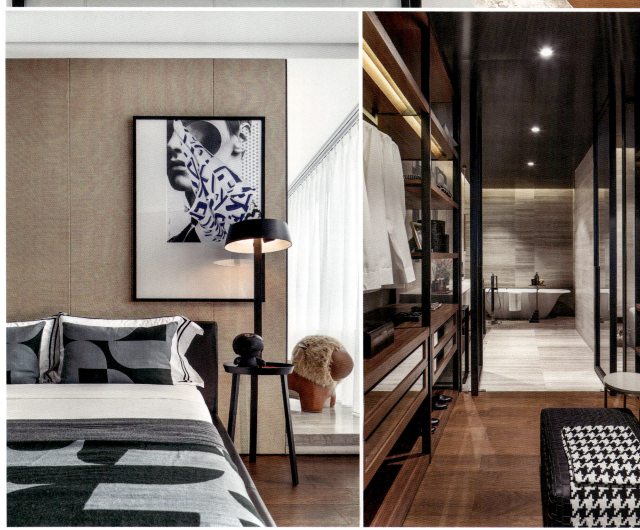

她用一颗善良的心，
建树这一番赤诚的事业！

With Her Kind Heart, She Has
Built Such A Real Career

设计师档案 · 设计师访谈 · 项目与故事

2018 英国 INTERNATIONAL PROPERTY AWARDS 室内设计奖

2017 意大利 A' DESIGN AWARD WINNER 金奖

2017 意大利 A' DESIGN AWARD WINNER 铜奖

2016 意大利 A' DESIGN AWARD WINNER 铂金奖

2016 德国红点设计奖 Winner 荣誉奖
R&D Cocktail Lab

扫码查看电子版

周谦如 / Joy Chou

京玺国际设计　创始人 | 设计总监

设计师档案

2006 年，周谦如创立了京玺国际，将艺术、生活、绿意通过不同形式传递于空间设计的每一个角落，同时表达艺术以及崇高的品鉴能力。设计中追求高质量的生活美学与结构，欲让空间蕴含丰沛的涵养和能量，让家像是艺术空间，让人能够品味生活与空间串联出的美妙韵味。

她带领的团队是兼具专业、创意和执行力的整合型室内设计公司，提供跨区域性的空间设计、商业设施、相关的装饰工程与品牌策略服务，并伴随做商业空间设计、室内设计、视觉设计、多媒体规划等，极具创业与商业价值。

视界对话 周谦如

用乐观的心态做一个能够多向发展的空间设计师

您曾就读于中国文化大学,并非室内设计专业出身,是什么样的机缘让您进入到室内设计这个行业呢?

周谦如:我觉得这个应该是开始时的一个兴趣,对空间比较有兴趣一点,所以想要学习跟设计有关的事情。

所以当时您是以自己的兴趣为出发点,为自己确立了一个职业目标吗?

周谦如:其实我是先在事务所工作,然后才去念大学,我在文化大学的时候念的是广告学,广告跟设计是相关的。因为是先工作,在工作中发现自己对空间的兴趣,在工作中也累积到了一些经验,所以在大学的时候选择去学习广告设计,与空间设计形成一些互补。

你选择学广告学是为了更好地辅助和实现空间设计吗?

周谦如:之前我说过"空间其实是视觉的一个结果",再好的空间设计,我不希望它太过"匠气",我希望它有更多的美感跟视觉平衡在里面,而广告学里则有很多关于视觉传达的知识与技能。

这里提到的"匠气"是指用很多硬邦邦的载体去设计一个空间,这些东西在生活中其实是不舒服的。而在广告学里,我们认为的视觉平衡的美学和它所要创造的意境是一个整体的氛围,色彩对了、比例对了这个设计就对了,我表达的诉求就对了。所以,我一直不希望我们的设计做得那么"匠气",一系列的灰、一系列的黑……我们的作品里面不会有这样的感觉,一定会有生活感、绿意以及艺术的东西在里面。

从外行到内行,期间一定经历过很多考验吧,曾经产生过迷茫的感觉吗?可以跟我们分享一两个您在设计路上的故事吗?

周谦如:有吧。每个人进入到一个行业里当"菜鸟"的时候都会有一种迷茫的感觉。但我是一个很乐观的人,我会很清楚自己的目标是什么,迷茫只是我的一个过程,我并不会因为这些迷茫而留下一些不好的回忆。

因为我们始终处于一个学习的过程,刚开始很可能被领导骂、被一些师傅骂、被厂商骂、被客户骂……我就曾经站在现场被一个老板骂了两个小时,但我现在回想起来都觉得这些回忆是很宝贵的。如果当时没有人告诉我这些不足,那我们可能无法进步。当然如果现在让我对着一个人骂两个小时也是做不到的,哈哈。

所以肯定是我们有一些地方做得不够,人家才会出来提醒我们。我都是用一个很乐观的想法去看待别人给我的一些批评和指导,而面对这些批评的时候,我认为没有必要在心里留下一些很负面的情绪。

最重要的是去理解对方,接受对方,这样就可以避开、消化一些负面的情绪?

周谦如:可以这样理解,重点是你要知道,我们随时是不足的,是时刻在

提要 / Profile

- 为追求更好的设计而不断拓展学习
- 曲折的过程是成功的垫脚石
- 做充满"生活、艺术和绿意"的设计
- 广泛的设计经验能丰富你的设计思维

→ 城隅绿意

学习的，这样一来我们就可以知道我们不需要去累计一些负面情绪，你可以将一些批评转化成正面的能量。

我在这么长的从业时间里都没有一种负面的情绪能够影响我太久，就是因为有这样比较乐观、积极的想法。因为我有一个很重要、更清楚的目标，这个目标会促使我将一些负面情绪转化成正面的能量，比如，我会反思从这些失败的经验中学到了什么，会更开心于我的获得，会很开心有人愿意批评和指导我。

刚才您提到的明确一个目标，您的早期的目标是什么？

周谦如： 在很早之前，那时候其实中国甚至整个亚洲的设计还没有这么繁荣，那时我的老板会告诉我们很多关于飞利浦·斯塔克、日本的安藤忠雄等国际上知名设计师的事情，他会告诉我们说飞利浦·斯塔克现在设计了建筑，又设计了餐厅，还设计了室内住宅，设计了很多很多的家具……当时我的目标就是，很想成立这样的设计公司。在台湾这样的背景里面，我很希望我们的公司可以成为能够整合各种创意的公司。

所以在以前，我以为不论遇到什么样的客户、什么样的设计，我们都愿意去学习。不受限于空间设计这样的事情，因此我们接触到很多关于空间、关于品牌、关于平面设计、包装设计、广告设计等方面，也有很多成功案例。所以对于我们来说，我认为，做设计很重要的一点是，你知道你在做设计这件事，但你的设计要在你所接触的业主的需求层面上，而不是说我今天只做某种设计。

我们很愿意带领团队以多角度去看设计，因为设计是没有界限的。所以，能吸引进我们进入公司的人，他们可能拥有众多不同的能力，可能是广告设计，也可能是空间设计的能力等等。

您会带领团队去做广告、平面等其他内容的设计工作吗？

周谦如： 我们不用主动去找这方面的设计工作，因为我们的客户会主动将这些需求抛给我们。比如，今天接了一个企业的设计项目，这个企业是不是有广告方面的需求？是不是有包装方面的需求？他有没有展厅设计的需求？他有没有家居设计的需求？我们会以服务这个老板的延伸出来的任务为学习、设计目标。

所以说，在我学习的过程中要以发散性、多维度的方式去思考，像我之前从事的事务所的老板，他就是用这样的理念来锻炼我们。因为早期他们跟很多新加坡的空间设计、日本的灯光设计等等合作、交流，在这个过程中受到一些感染，自然而然地形成这样的观念，而这个观念也影响着我，是我之后的创业目标所在。

如此看来，京玺国际涉及的设计内容是非常广泛的，那么您认为团队最大的特色是什么呢？

周谦如： 我们最大的特色，是无论做什么案子，我们都掌握三个核心——"生活、艺术和绿意"。所有的案子中你都可以感觉到生活感、绿意，看得到艺术和艺术的品味，我们会想办法在所有的设计中都融入这三个准则。

所以，京玺国际所有的案子打开来你会觉得很舒服，我们很早以前就是硬软装一体化，它该有的空间的、平面的尺度，空间的量体、载体配置得宜，所有的家具、软件、艺术品、大型的软装灯具的布置等等，我们都是在这个准则上完成的。

代表作品

1 电建·金地华宸

2 台北吴宅

3 台北杨公馆

→ 1

→ 2

→ 3

您以后会在内陆开分公司吗？到大陆来发展，会比较注重地区哪些方面的因素？

周谦如：我们这几年一直都有在两岸频繁地往来，我们会选择在北京或者上海找一个地方，这是目前已经在谈的事情。

注重的方面，我想还是接地气吧。我们还是需要跟当地的一些人才做一些培养和互动，台湾的人才也很优秀，但是我们要发展大的团队跟优势就要能够因势利导，同时也希望能够到内地来培养更多新的设计人才。

您认为设计师最重要的品质是什么？

周谦如：我觉得是有一颗善良的心和一种良好的学习态度，这是非常重要的。因为如果你有一颗很善良的心和愿意学习的良好的态度，但没有很好的技能，没关系，我们可以教你。但是，如果你有很好的技能，而没有一颗善良的心和谦虚的学习态度，那没办法，我们终将只是彼此的过客而已。

这是我跟我的团队经常提到的，不要觉得你在这里只是来上班，因为这是我们花了很多心力去打造的平台，我们都希望大家能成为这里的一份子。这个公司这条船，它要往哪里开，掌舵的人不止是我一个人。所以人才善良的品质是我比较重视的。

您是如何面对离职现象的呢？

周谦如：我也不能怎么办，我只能祝福他了。我会告诉他，希望他也能够成为对这个社会有用的人，或者成立对行业有积极影响的团队，不要成为这个产业里的害群之马。

并且离开了也要有保持一颗善良的心。因为有一些人他离开了，可能会做出一些对以前同事或公司有伤害的行为，我很不希望发生这种事情。就像我们从以前的公司跳槽出来，我们从来不挖以前老板的墙角，我们要创业就要凭自己的本事，不要做伤害别人的事情来获得自己的好处。如果一个团队里有人有能力单飞了，做出这样的事，那就不太好。

京玺的经营经验、感悟可以跟我们说说吗？

周谦如：我认为是，我们随时都与时俱进吧，随时都抱有一颗善良的心。

在设计工作中，您认为要怎么样才能做到与时俱进呢？

周谦如：我觉得是无时无刻都要学习，我没有办法停止学习这件事。但这样的学习不一定是要去上学，我可以通过生活上的一些小事情，可能这些事情可以启发我一些别的想法。那么在设计上，也是保持这样的心态，包括工作上、公司经营上，都是这样。

所以"与时俱进"是可以套用到方方面面的，不要找借口偷懒，成为一个很自律的人是一件很重要的事情。

自律上，很多年轻人容易犯"拖延症"。京玺设计中有很多熬夜加班的情况吗？

周谦如：其实也会，倒不是因为"拖延"，在大量提案的时候，加班是难免的，我会告诉他们尽量减少加班的时间，但他们加班我一定也会陪他们。我认为，一个完整的团队不是说，你加班就好，我就是要下班，因为团队其实是一起的，随时要保持一种团结的心来感染你的团队，这样带领的团队就能产生很多的正能量。

所以做为一个领导"以身作则"是很重要的，对吧？

周谦如：对，因为我的职称不止是设计总监，还是负责人，是要对这个公司负责的。我们不是只做一个艺术家，完成一项设计就好了，我是一个公司的负责人，要对公司负起最大的责任。所以，当我用这样的心情看待公司的时候，就会把所有托付给我的都视为己任，去重视它，这样也是对客户负责任。

美好空间演绎幸福生活
A Beautiful Space Deduces A Happy Life

项目与故事

项目名称 / 电建·金地华宸
设计公司 / 京玺国际股份有限公司
设计师 / 周谦如
项目面积 / 260 m²
主要材料 / 玻璃、茶镜、石材、金属饰条、钢烤、浅灰木皮、玫瑰纹木皮、进口壁布等
摄影师 / 隋思聪

01 / Firstly
家是连结情感的存在

设计的价值来自居者所勾勒出的生活，真实的生活是价值的核心所在，规划出的生活面貌不止是空间，更是凝聚的力量。

花园院墅的入口玄关处建立艺术光廊，适当挪动厨房隔间建立社交厨房，将餐厅以及客厅融为一体，自在享受别墅所带来的美好生活的愿景。将电梯以及艺术楼梯设置在两侧，同时将空间中的核心释放出来，动线与视线的开阔彰显花园院墅的大宅气质。

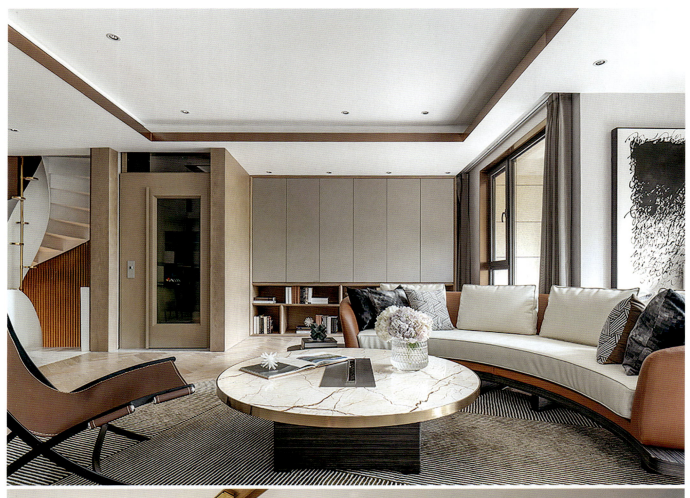

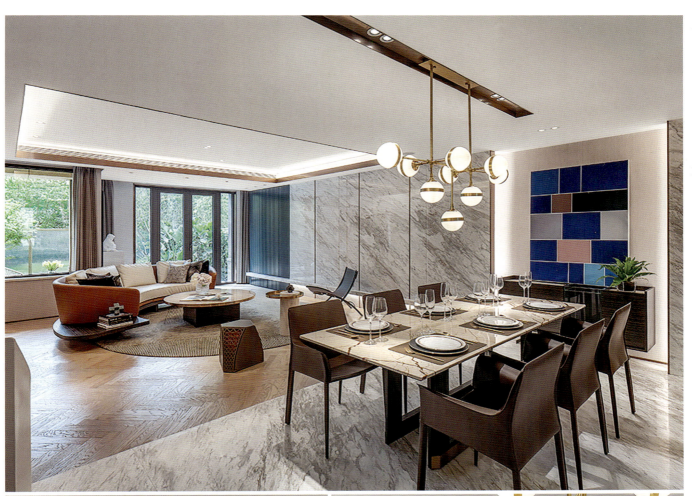

02 / Secondly

开放空间的用材讲究

地坪上是来自意大利的高贵石材——黄金鱼肚白在空间里肆意渲染，石材的温度由玄关延展入室内，分割、拼接的细节突破空间格局的限制，导入温润的灰橡木人字拼木地板，以不同的材质划开空间界限，构造空间层次。

空间立面值得一提的材质是浅灰色系水洗清玫瑰木皮，应用于左侧的电梯面，呈现稳定的人文气息。家具用材上，由于室内格局属于狭长型，因此设计师刻意在花园窗景前摆设弧形沙发，搭配圆弧形具有几何线肌理地毯，创造平衡而整体的视觉感受。

设计 Tips

我们将"艺术、生活、绿意"的设计理念落实在了电建这个项目中。

从一楼进去，你就可以看见这个项目的花园院墅，可以看到别墅该有的配置。它会有一个私家花园，透过花园，花园的采光可以顺着弧形家具的布局将阳光带到室内来。我们首先将生活的动线整理出来，让你能够感觉到花园的绿意。

一楼部分看出去是有花园的，可以完整地感觉到花园院墅的绿意。这个客厅原始的布局中，沙发是完全背对着客厅的方向，那样完全看不到自然的绿意。所以我们采用弧形的沙发，能够让花园伴随在你的左右，这就是我们提到的生活感，是希望在空间中构建出一个家人的生活可以很融洽的样子。

黄金鱼肚白　　水洗清玫瑰木皮

一层平面图

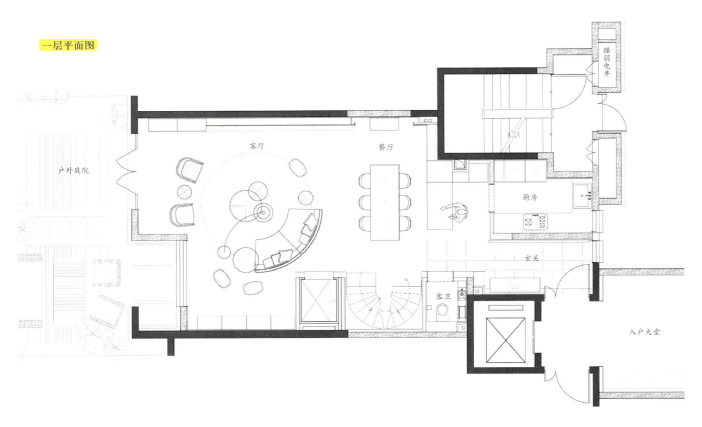

03 / Thirdly
用心思考凝聚感情的空间想象

将艺术带进空间创造美好的氛围，通过分享体会到我们真实地在一起。地下室上方的设计将自然采光带入地下一层的空间，同时在自然绿意的画面中可以放大天光屏幕的效果，线性的设计语言呼应挑高的想象力，创造所有生活的可能性，也让这里成为家人、朋友们共同交流情感的空间。

设计 Tips

当开发商委托给我们这个案子的时候，他最困扰的是，这房子的地下室它没有一个自然的采光，我们该如何去解决，让买房的人来能改善对地下室的印象？于是，我们在地下室创造了一片花园——一幅手绘艺术的壁纸。通过这幅壁纸，创造艺术性同时也创造自然绿意的感受。当所有的空间的动线设计都完成的时候，再融入居者的真实生活、日常互动和居住体验在里面，那这就是一个充满生活感的设计。

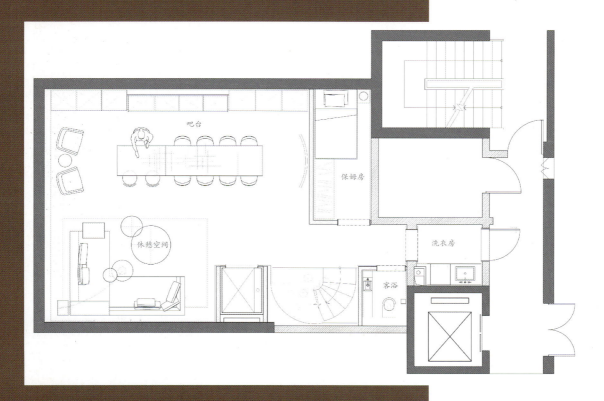

负一层平面图

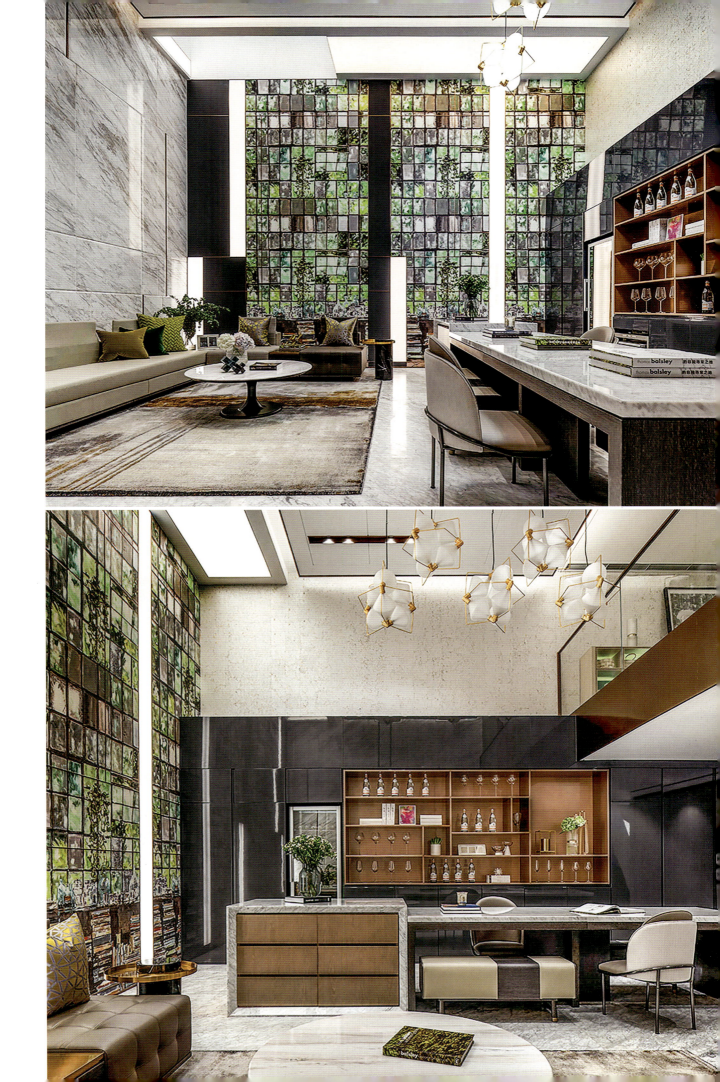

04 / Fourthly
地下层的用材讲究

地坪运用浅色系带温润玉质的石材，具有个性的灰色调又不失剔透轻盈的质感。大面积向上延伸的挑高空间分为三个立面，左侧运用白色石材和金属收边饰条；右侧是整排进口高级设备高柜和品酒设备，在上方可以分割搭配软木壁纸，底材略有金属纹路与对面的大理石墙面细节呼应，迎面而来的是地下层的空间主角——进口定制艺术壁纸。在绿意的花园画面里，天光天幕效果流泻于此，增添整体空间细节、色彩方案在各个面向的层次表现。

天花灯槽分割金属铝板创造多种线性满缝，串联天光设计与挑高空间连接到夹层之间的关系。中岛结合吧台的形式形成一个连贯的平台，与L形沙发区构成一种互动的空间关系，满足亲友之间各种使用情景。

进口定制艺术壁纸　　白色石材、金属收边饰条　　软木壁纸

夹层的书房，有心灵与精神的知性需求。这里是多功能区，设计为私人静谧的独享时光，可阅读、办公或者畅聊。空间运用温润灰橡木人字拼接木地板，为这里建立起稳定的人文气息。

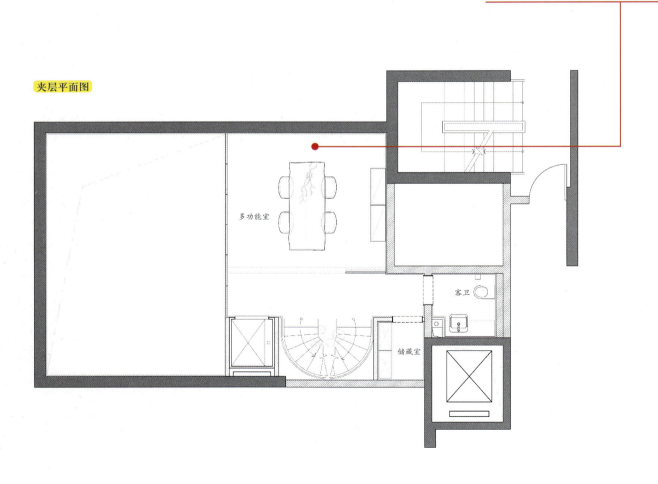

夹层平面图

05 / Fifthly
卧室是繁华中的一室沉静

晨起的曙光是迎接自然的光景，通过布局设计，主卧入口为衣帽间和梳妆间，并配置精致的独立卫浴。木质铜烤、进口壁纸结合利落的金属细节，传递酒店式的空间品位。

次卧是长辈房，用色上相对沉稳，不同材质界面拉开空间延续感。儿童房通过加高式的地台将睡眠区规划在侧面，创造中央空间的多种使用可能性；材质和用色相对更活泼明媚。

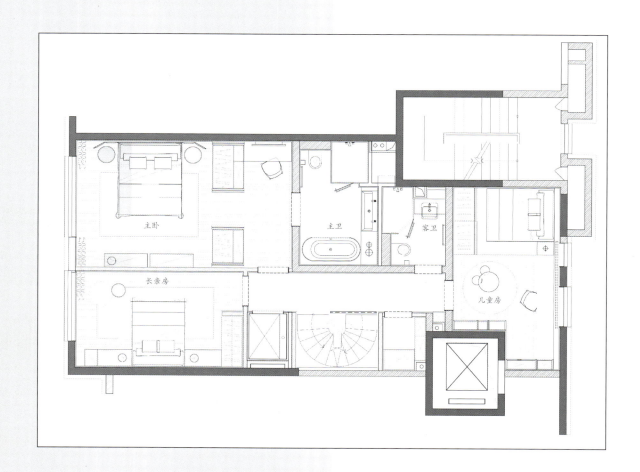

三层平面图

06 / Sixthly

二层卧室区的用材讲究

主卧中,米白色的进口壁布带有几何的满缝拼接,作为床头大面积的装饰材质,与入口处衣帽间的木质钢烤衣柜,衬托主卧奢华气息。主卧卫浴采用大理石纹的进口高级瓷砖铺墙,地面搭配意大利灰色纹路大理石,鱼骨纹石材设计呈现当代设计细节。

长辈房采用深浅色沉稳搭配,进口壁布具有高雅的织纹触感。放大横向空间感来弱化空间的短向尺度,消除原本的独立式衣帽间改为开放式衣柜设计,使空间具有一定的放大效果。采用低矮尺度的床组造型,呼应上方壁面设计的整体感受。

儿童房的设计仅在空间上作为基底条件,目的是释放出中央空间,再通过主题壁纸与家具软装的设计改变孩子在不同年龄段的陈设搭配。

90后新生代设计师：她的坚持，做一个"慢节奏不粗糙"的设计工作室；她的设计，更多的是在传递对生活对世界的感悟；她的生活，比想象的还有趣！

A Post-90s New Generation of the Designer: Her Persistence, Is to Do A "Slow-paced But not Rough" Design Studio; Her Design, is More about Conveying Her Perception for Life and the World; Her Life, is Much More Interesting than We Thought!

2016年创立深圳舍下空间

中国新生代室内设计师

倡导独立精神与自由思想

保持对美学的崇敬，坚持对极致的苛求

扫码查看电子版

设计师档案・设计师访谈・项目与故事

宁洁 / Jie Ning

深圳舍下空间 创始人

设计师档案

深圳舍下空间设计有限公司作为中国新生代室内设计创意公司之一，自2016年成立以来，始终秉承"守正、力行、兼爱、创新"的思想指导，以发扬中国艺术设计为己任，在传统文化和信息时代中汲取营养，站在巨人的肩膀上鸟瞰世界。我们发掘每个文化的可能性，结合时代的背景投入到空间之中，使其焕发出新的生命力。

深圳舍下空间（舍下草堂）由一群青年新锐设计师组成，是集软装与硬装一体化设计的创意型设计事务所。他们坚信，每个灵魂都是独特的；他们倡导，独立精神与自由思想的融合，能够创造出绚丽的花火。

视界对话宁洁

也许下个路口梦想就实现了,我们要试试才知道!

您和堂主是从 2016 年开始创立的舍下草堂,非常好奇作为一个 90 后设计师,早早的就拥有一家属于自己的、独立的且小有名气的设计公司是一种怎样的体验?

宁洁:海阔凭鱼跃,天空任鸟飞。做了自己意识的主人,拥有自己独立的公司,按照自己的意愿去发展,可能就是自己想做的事情吧。

作为中国新生代室内设计师,当初从设计公司辞职决定要自主创业,有纠结过吗?

宁洁:创立公司算是机缘巧合,也算是蓄谋已久,巧合是因为意外辞职。当时其实很迷茫,也没有想到这么快要开始自己独立做设计,因为没有任何资源背景,也没有一个更合适的工作机会。再就是,设计界套路盛行,如果把设计师的名字盖住,你会发现市场上设计师的作品套路基本一致,这不是我们要的,设计应该是非常有趣而富有灵魂的,而不是一堆材料工艺的叠加。那既然没人要,又不想做无意义的工作,就硬着皮头自己做了。

可以跟我们聊聊在创业前期必须要做好的准备吗?

宁洁:专业、经验、视野、灵气、目标和机遇,我觉得这些都是需要的。我自己经历过创业,再回头来看我会觉得,首先,自己的专业度要够扎实,需要较高的设计审美和眼界。其次,刚刚创业时业务资源相对欠缺,能接触的业务层次也较低,也会因为生存问题去接去做各种项目,这个时候,就会容易陷入一种低端设计生态圈,不知不觉把自己的审美做低。因此,如果没有足够的辨别能力,长期在这种环境中,后期很难做出更有高度的作品。

从另一个方面讲,创业很重要的是,你要知道自己想做什么,要有一个核心目标,并且要坚信。最后就是坚定和大胆去做,外在形式什么的都不是固定的,是可以去开创一种最适合自己团队的模式,一切皆可能。

自己创业当老板后跟之前仅仅当设计师有什么大的改变吗?创业对于您来说有没有获得一些成长?

宁洁:心态的转变比较大吧,从待哺到主动觅食。以前只要做好设计就好,创业之后你得扛起所有事情,万事自己先打头阵。进一步平川万里,退一步,也许就是结束。当你退无可退的时候,你会发现自己无所不能。经历种种的过程之后,你会发现,责任的重量,信任的分量,都是宝贵的财富,感谢所有信任我们的客户。

我们都知道舍下草堂这几年的成长是飞速的,每个项目也都带有明显的舍下特色,关于舍下的品牌定位,最初有没有想好?

宁洁:我们其实很简单,就是将自己对生活对世界的感悟,通过设计传递出来,做设计其实就是向内挖掘自己。

"做一个慢节奏不粗糙的设计工作室"这是我在上家公司,在做了很多快节奏的设计项目之后,突然的有感而发。最开始也并没有那么明确,因为

▶ 提要 / Profile

- 意外离职,决定创立自己的公司
- 成立初期,盲目地接各种项目
- 经营中不断总结,归纳出适合团队的模式
- 保持向内求索,逐步找到公司独有的设计特色

→ 惠州小径湾别墅样板房

生存是一个很严肃的现实问题，大部分创业者开始都是想着先活下来，赚到钱再去做想做的事情。我最开始也是这样认为的，中途也合作过一两个商业项目，那种简单粗暴的设计内容，让我感受不到任何成就感。

在公司经营期间也有过一些人来谈合作，画出很大的饼，说如何快速运转，如何达到一年几千万的业务量等等，这些都充满了利益的诱惑。但是认真想了之后，我觉得还是应该坚持做自己想做的设计，最后也基本都拒绝了。

知道您一直是一个比较能够坚持自己原则的设计师，一直秉持的是设计与客户的双重肯定，否则宁愿放弃客户的态度，是性格原因吗？

宁洁：性格可能是一部分原因（笑），因为我有时候会比较任性，不喜欢的东西不太愿意去接触。但更多的我认为，设计是一个思考的过程，创造美的过程，与客户之间能够彼此欣赏，无疑是让这个过程更加顺畅和愉悦。

那在设计中您觉得究竟是设计重要还是服务重要？

宁洁：设计本身就是我们的服务内容，做好设计就是对客户最好的服务。

会不会经常回头审视自己的设计？

宁洁：成长是一个必须经历的过程，在每个阶段会因为自己所处的环境、见闻而形成相应的世界观、价值观和人生观，在每个阶段做自己认为对的事情就好啦，这算不算审视？

什么时候会是你思考比较密集的时间段？

宁洁：设计是一个相当紧密又相对灵活的过程，灵感往往在相对专注的状态下泉涌，也会在忽然之间来临。所以也没有说有固定的某个时间段，本身我应该算是个比较热爱设计的人！（笑）

也就很容易理解舍下草堂给人的感觉就是一个幸福的大家庭，一群志同道合的小伙伴快快乐乐、自由自在的工作、生活在一起了。那么，在您看来设计与生活是怎样的一种关系？两者可以分离吗？

宁洁：我们设计本身就是给客户创造一种美好生活的可能，这两者没有本质的区别。只有设计者本身热爱生活，追求美好生活，感知生活，才能做出更好的设计。正如"没去看过世界，哪来的世界观"，我们一直在努力做更多更好的设计。

最后，看您把舍下经营得有声有色，就跟我们分享一下在公司经营上的一些经验吧？

宁洁：我只能说每个人、每家公司都有自己的特色和个性，不能以一概全。我们一直坚持的是向内而求索，希望自己有足够的见识、足够的专业、足够的经验，可以更好的去服务我们的客户。

代表作品

1 惠州小径湾别墅样板房
2 映象雨林

→ 1

→ 2

一半冷艳·一半迷红
Half Cool · Half Charming Red

项目与故事

项目名称 / 东莞上河居别墅
设计公司 / 深圳舍下空间
主案设计 / 宁洁、周丁丁
参与设计 / 姜楠、黄思婷
项目地点 / 广东东莞
项目面积 / 1120 m²
主要材料 / 大理石、金属、布艺、地毯等
摄影师 / 刘三根 & 红旗摄影

时间概况

从2018年01月15日接受设计委托到2018年11月15日施工完成软装进场，历时10个月，完美收官。

01 / Firstly
一个好项目，需要具备的前提概要

一个好的项目，首先需要一个好的业主，一个有理想的设计师，一个有经验、负责任的施工团队以及一群优秀靠谱的供应商等，互相配合共同去完成。舍下很幸运，在这个项目上，我们遇见了对的人。保持初心，方得始终。

在整个项目的落地过程中，美丽的业主始终对舍下给予了充分的信任、支持与肯定，整个项目以设计为主线，扫清了落地过程中的重重障碍，才有这从一而终的结果。

02 / Secondly

空间不光只看风格，更应该注重气质

空间从来不是一种所谓的风格就能囊括，我们一直强调空间应该服务于使用者。主人的气质，当是空间的气质。空间承载着主人的涵养、品味、经历、喜好以及对美好生活的热爱与追求。东方的、西方的、传统的、现代的、复杂的或简单的……围绕着使用者本身，重新组合，不再有明显的界限，以一种独特的气质展现出来。塑造一个空间，即是品读一个人。

本案业主喜欢的有所不同，她喜爱的是空间的气质与高级感。不谈风格，只想拥有自己个性且独特的家居格调。

R 242	R 144	R 39	R 170	R 32
G 242	G 148	G 94	G 29	G 31
B 243	B 157	B 104	B 60	B 82

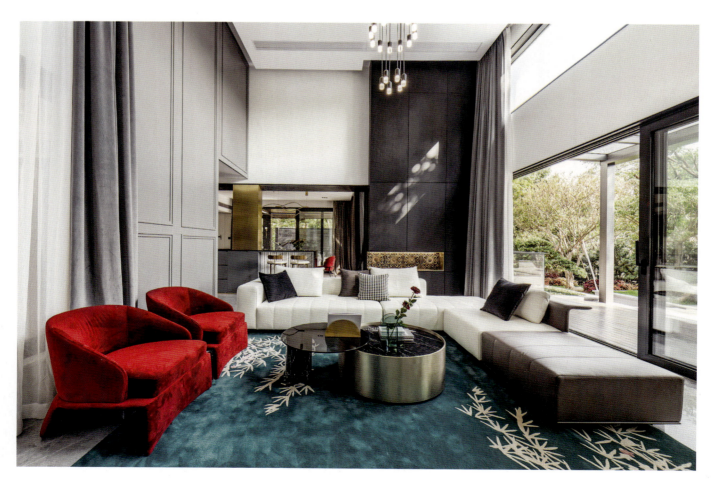

1. 冷而不寂，红而不灼。客厅空间以灰白为主色调，结合玫红、湖蓝等跳跃色彩打造出奢雅范，给居者带来惊艳的感官体验，足以令人瞬间爱上它。

2. 玫红与湖蓝作为整体色彩的点睛之笔，成就了空间独有的气质。在素雅的空间设计中，浓烈色彩的运用不宜过多过杂，应尽量保持干净纯粹之感。在花色与款式的选择上，也应该尽量保持与空间的调性一致，简单明了。

R 32
G 31
B 82

R 36
G 39
B 44

03 / Thirdly
色彩运用的最高级示范，便是成就空间的独特气质

　　每个人都想拥有一个属于自己的家园，它将容纳下你所有的梦想。对于家的期待，每个人的想法各异，有人喜欢法式的奢华，有人喜欢现代的时尚，也有人迷恋古典的韵味等。本案业主喜欢却又有所不同，她喜爱的是空间的气质与高级感。不谈风格，只想拥有自己个性且独特的家居格调。

04 / Fourthly

除了规划空间动线外，还要学会利用可利用的空间，增加使用面积

很多时候我们做平面规划，常说的是对原有平面的规划，很少会以新的思维方式去做新空间的构建，而这次我们对此做了尝试。因为原有的空间是狭长型的、前后都有突出的一个空间，我们就一直在思考，怎样能让空间更方正且利用率更高，于是，便有了现在的茶室、阳光房、露台等部分。增加这些部分后，不仅面积增大了，而且形成了视觉上的宽敞感，把它们规划成特别适合生活情趣的惬意空间。

负一层平面图

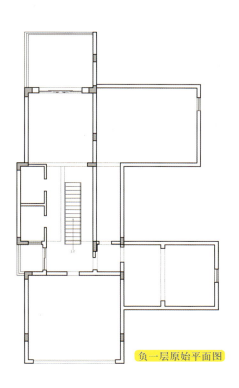

负一层原始平面图

一层平面图

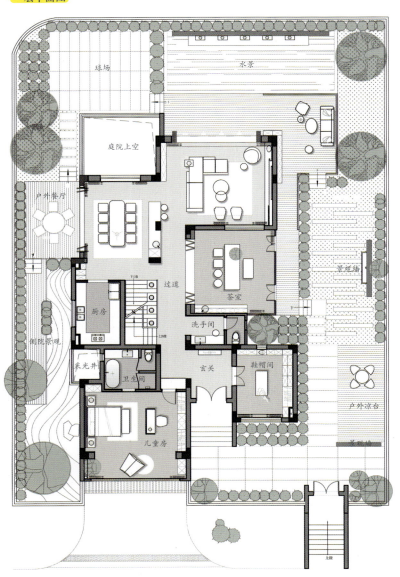

一层原始平面图

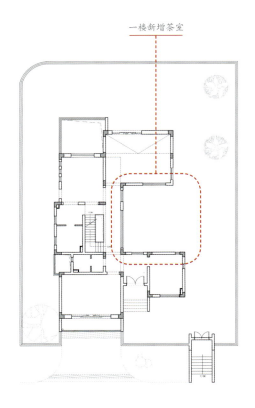

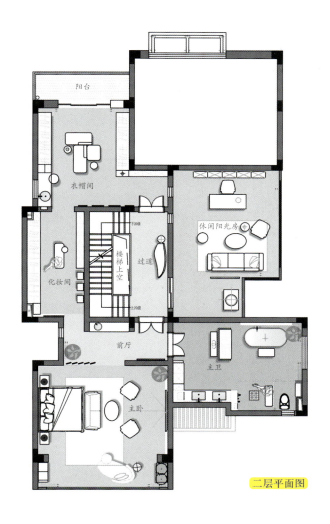

二层平面图

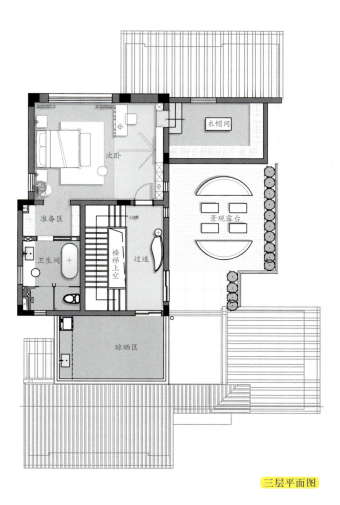

三层平面图

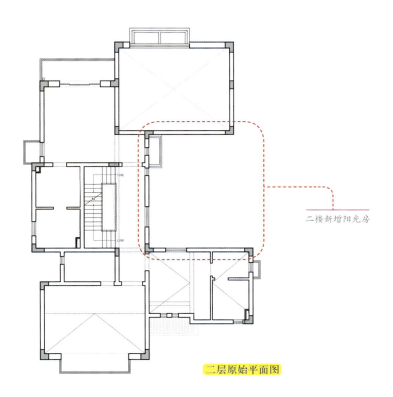

二楼新增阳光房

二层原始平面图

075

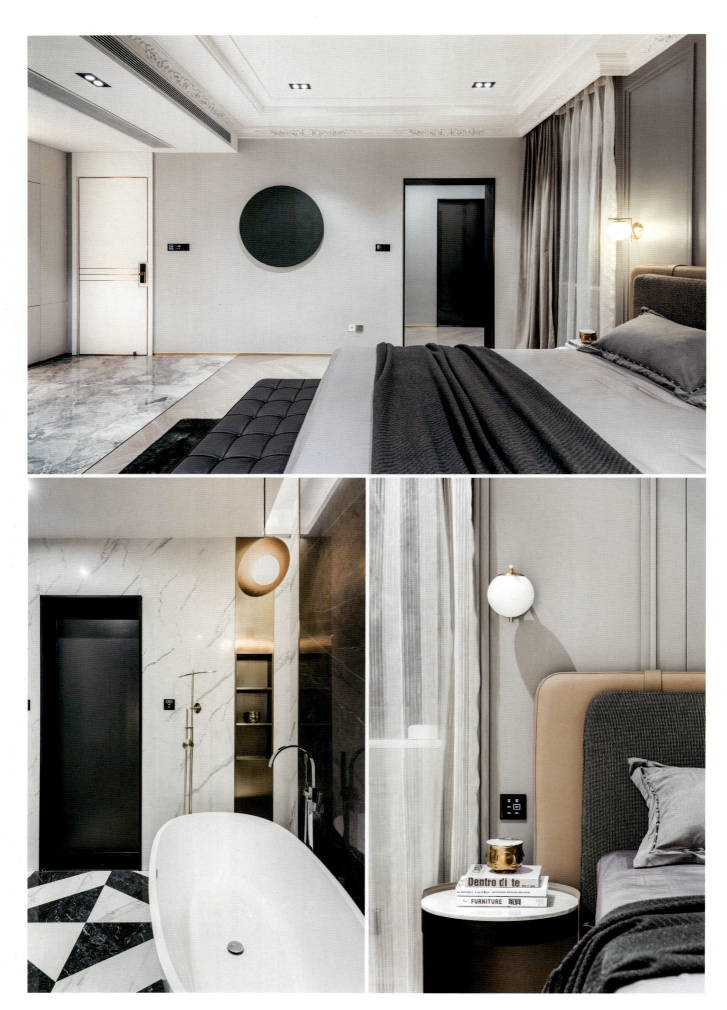

后记

送友人一梦

庭前三步水连天,檐间清风阔余香。
借问西厢知何事?春窗里居蕊红妆。
盈盈美景居上河,亭亭楠木倚草堂。
远路悬望话明月,至今红楼梦南方。

留洋美女设计师
回国后的进阶之路

The Beauty Designer's Road to the Top after She Backed to China from Overseas Study

设计师档案·设计师访谈·项目与故事

2000年任MADA s.p.a.m 美国马达思班建筑规划有限公司 建筑设计师

2006年任上海桂睿诗建筑设计 首席设计师

2009年就职于澳大利亚 Australia Choiceright Pty Ltd

2011年回国担任上海桂睿诗建筑设计的设计董事,并指导和培养新人设计师。

扫码查看电子版

张晓薇 / Vivien Zhang

上海桂睿诗建筑设计咨询有限公司　设计董事

设计师档案

　　张晓薇曾就读于同济大学、Australia TAFE College,并获得University of the Arts London 硕士学位。具有17年建筑及室内设计经验,项目领域设计非常广泛,包括商场、酒店、办公室、高级住宅、售楼处、样板房、会所等等。在她的带领下,桂睿诗设计荣获2018年加拿大GRANDS PRIX DU 亚太 DESIGN 大奖、BEST100 中国最佳空间设计奖、German design Awards2019 设计大奖等。

　　如今在上海桂睿诗建筑设计咨询有限公司担任设计董事的她,在面对更多新人设计师时,总是鼓励道:"多去看看,去研究不同领域的文化和知识;多体验生活,感受不同人的生活方式,从不同维度了解他们的思维理念。"希望大家共同向着"热衷设计,不断创新"的设计理念一步步迈进。

感受牵引领悟，经历是最好的导师

视界对话张晓薇

从您的履历来看，您是建筑设计师，而且几次工作经历是跨国度的，2000年任职于美国马达思班建筑规划公司（MADAs.p.a.m）当建筑设计师，2006年回国后任职于桂睿诗建筑设计的首席设计师，2009年又任职澳大利亚 Australia Choiceright Pty Ltd 的建筑设计师，直到2011年再次回国，并担任桂睿诗建筑设计的设计董事，负责指导和培养新设计师。从时间上来看是因为中间有一段时间您选择出国留学深造了吗？当时是怎么选择的呢？

张晓薇：我的第一家公司是在马达思班建筑师事务所，公司的创始合伙人是马清运先生，马老师是我在同济大学的研究生导师。2009年我移民去了澳大利亚，当时在一家事务所担任建筑设计师，选择出国深造是为了换一个环境提升并改变自己。

您在国外留学的这段经历对后来的工作有没有带来一些帮助？

张晓薇：主要体现在我的生活观、价值观方面，都会有所改变。

另外，在国外工作跟在国内工作应该会有很大的不同吧？您感受到的最大的不同是什么？

张晓薇：国外的工作、生活节奏很慢，国内的设计氛围跟国外是完全相反的，国内快餐式的设计，设计师跟着心走，原创设计很辛苦但很快乐。国外生活大于工作，工作只是生活一部分，而国内的工作占了大部分生活。当然国内也有少数公司每年就几个项目，原因就是保证设计作品的质量和每位设计师生活的质量。项目的设计费不低，工作相对轻松，每年到全世界酒店参观考察加上带薪度假的时间就超过半年了，这样的生活体验更利于工作。

国外的艺术院校特别尊重学术自由和鼓励个人创造，并有发展完善的制度和学术自由保障。每天都可以到气象万千的现代艺术画廊观看和体验来自世界各地的顶级艺术作品展。这些是国内需要提升的。

您这么年轻就担任了知名设计公司的设计董事，作为一个团队的"旗手"，有时候会觉得压力很大吗？您是怎样排解这些压力的？

张晓薇：要说压力也还好。我们自己的团队和经理、总监都非常优秀，团队运营模式非常人性化，能达到共赢状态，让设计工作变得不单是一个人的事情，这反而成为一种动力，让团队的每个人都在推动公司的发展。

您现在主要负责指导和培养新设计师，新设计师最应该具备的知识与技能是哪些？可以跟我们聊聊培养新设计师首先应该从哪些方面入手吗？

张晓薇：设计师首先要有悟性、灵性。我会更看重设计师的长远发展，技能方面来说是必备的工作手段，同时也看重设计师本身的理念和设计思路。培养设计师先从知识和技能入手，要区分不同类的设计师，设计类、施工

▶ 提要 / Profile

- 高起点引领高追求
- 公司高管也需要一个优秀的团队相互配合
- 打开视野，感受更多不同领域的艺术
- 不忘初心，给自己的坚持一个可靠的后盾

← 1

后期、产品设计师、灯光设计、软装及硬装也分很细等等,每个人都术业有专攻,要善于挖掘他们的技能和逻辑。

您是一个理论知识与设计经验都非常丰富的人,在设计工作中,除了设计天赋和灵性外,您是怎么不断更新自己的理论知识和提升设计技能的呢?跟我们分享一些经验吧。

张晓薇:设计不同于艺术,艺术家与设计师不同,艺术是用来启发别人,设计是来激励别人,好的艺术需要去演绎,好的设计需要被理解。艺术的好坏关乎品味,设计的好坏来自主观意见。

多去看看,去研究不同领域的文化和知识,如思想家、政治家、经济学家等,拓展更多的领域,才能帮助自己的工作。多体验生活,感受不同人的生活方式,从不同维度了解他们的思维理念。只有让自己内心丰富起来,才能让自己表达的东西更丰富。

您做设计这么多年,经历过迷茫期吗?您认为,新设计师要怎么度过这个迷茫期呢?有没有一些好的建议?

张晓薇:其实每个人或多或少都会有迷茫期,以自己的韧性熬过去,坚持和不忘初心,在这过程中要寻求自己对设计的忠诚度,只有足够忠诚于这件事才会有坚持的决心。

这次苏州同里鲲域别墅的项目,设计中您最喜欢的部分是什么?为什么?

张晓薇:苏州琨域别墅是中粮集团开发的高端独栋别墅项目,也是目前苏州有标志性的高档生活社区。设计理念贯穿到每个细节角落,包括制作和展示。

室内设计是建筑的延续,在设计上我们更加追求空间的联系,通过每个空间的串联和融合,创造不同的场景,带给人不同的体验和感受。项目中我喜欢客厅和餐厅的设计,通过室外茶室让客厅和餐厅之间产生了新的联系,从而形成一条完美的景观动线,这是非常美妙的。软装设计方面,多处的装饰画及艺术品,以及从湖水中提取涟漪元素都是我比较喜欢的。

做这个项目期间有没有遇到一些比较难解决的问题?是哪些环节?最后是怎么解决的呢?

张晓薇:这个项目整体做下来还是比较顺利的。甲方比较专业,对我们很信任,其次,从前期的方案到项目落地都比较配合。在做每个项目之前,我们都会认真地考察、分析这个项目所处的环境,以及项目所在地域的文化、人文等方面的联系等等,在这些信息的基础上不断找到最符合甲方需求的设计方案,推导出最适合该项目的设计方向和成果。

这个项目中,在客厅空间布局上四周都是穿透的,我们通过弧形沙发来消除室内的空洞感,墙上以一幅大红唇的挂画(BLACK BUTTERFLY ART PRINT BY DADA22)给冷静的空间解围。另外,我们设计中用了勃艮第红,这也是今年的流行色。

最后,给我们正在奋斗的年轻设计师们一些正面鼓励或建议吧。

张晓薇:不忘初心,多想多看多行动。在团队合作中,为了共赢,个人的能力发挥之余,还需要更多人协助才能激发出大智慧,让创造力最大化。

首先,是内心对设计要充满热爱、坚持;其次,其实生活中每个细节都能成为设计的灵感,要能够活学活用、举一反三,这个考验设计师的悟性;最后,当积累了足够的知识和经验,就要向更好的设计挺进,就是要"热衷设计、不断创新",这也是我们公司的口号。

代表作品

1 上房集团江阴售楼处
2 苏太原 - 花满墅

项目与故事

千古涟漪清绝地 广寒宫阙人间世
Making Use of Ripple Imagery to Create An Elegant Home Like the Moon Palace

项目名称 / 苏州中粮鲲城别墅
设计公司 / 上海桂睿诗建筑设计
设计总监 / 张晓薇
硬装设计 / Chen Xie Xu
软装设计 / Charles K，Huang Yang
项目地点 / 江苏苏州
项目面积 / 500 m²
摄影师 / 金选民

01 / Firstly

伊始·定唯美的基调，感动归家的良人

《诗经·魏风·伐檀》写到"坎坎伐檀兮，置之河之干兮。河水清且涟漪。"与其说是被风吹起的水面波纹，不如是内心平静的波动，锦鲤戏荷，灵动起澄澈的涟漪，如微醺的晚风轻拂欲语的琴弦，弹皱一池秦莲香，晶莹闪醉了凝露，滴滴入砚，泅润成一方墨韵飘荡，轻轻的一晃，便晕成了月光。

02 / Secondly

元素取于自然，塑造归而为家的亲密体验

别墅周边都是一片湖水，打开即可看见湖景，动态的风浪在追逐。从湖水中寄去灵感，将动态的自然和静态的湖水作为表达对象，将动态的涟漪元素提取出来，用在室内以静态形式做自然的表达。

以大理石呈现自然的流动纹理，网格状架构融理性和感性于一体，极力营造空间的通透感，在克制冷静中飘散出唯美的浪漫情怀。如钻石面的切割，不同风格的优秀元素汇集融合，将美装点在空间各个细节之中，使室内变得更加精致而舒适。

采用金属质感的抛光处理，使铜色、金色闪烁出光芒，为整个家的整体氛围增添了时尚感和奢华感，低调内敛又不失奢华，突显出主人不凡的艺术品位。大理石地面和墙壁的设计呼应了涟漪主题，使房间更添一丝韵味。

▼ 餐厅顶灯上灵动的几何　　▼ 水珠意象的端景台

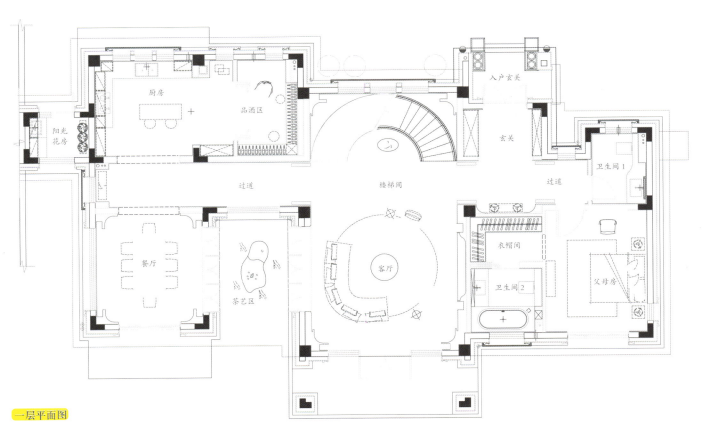

一层平面图

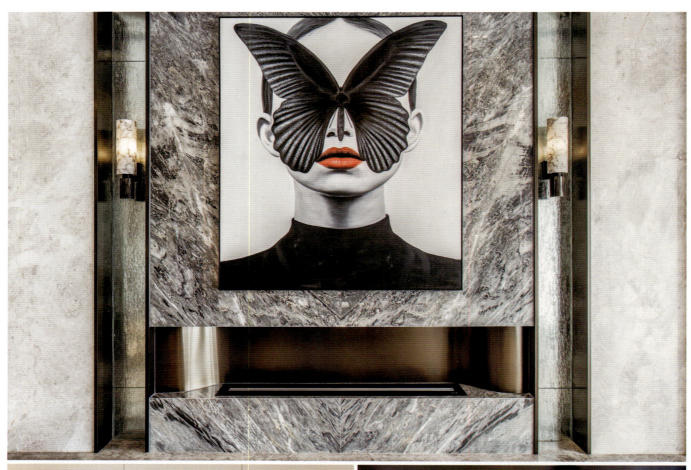

古典艺术邂逅现代时尚美学，艺术的碰撞，混搭出非凡的趣味性。▶

标志性的胡须、怪诞的个性和行为、与生俱来的艺术天赋……这是世人对西班牙超现实主义大师萨尔瓦多·达利（Salvador Dali）的印象。我的家中，有我的疯狂和怪诞，有我的冷静和温柔，印象留下来的只是某一个形态的我，而家里的我才是多面而完整的我——只有适合的空间，才能包容所有的自己。

03 / Thirdly

终章·私密空间，会有更多居者的情绪和偏好

姑苏河景图，浓浓的江南风情。暖色系灯带在视觉上弱化空间中高级灰带来的冷冽感。卧室设计以栗色居多，整个卧室看起来温暖且舒适，一幅简约的水墨画和暗蓝色的软饰相辅相成，黑白搭配像一道瀑布飞流直下。床头金属质地的灯具营造了一个具有轻奢质感的休息环境。

烟灰色的水波纹大理石地面，像是往平静的湖投下一粒小小的石子，泛起一圈一圈的涟漪，淡淡地圈出独属江南的古韵。风铃式样的吊灯，由细线连接着精致灵动，和灰黑色的墙壁相得益彰，更突显设计师的巧妙构思。

每当夜幕降临，灯光经过圆形体金属丝灯罩，投射到空间中，仿佛涟漪之光，那纹路与天花的倒圆锥效果相得彰益，形成让人不禁赞叹的浪漫效果，惊艳而有情调。

◀ 涟漪系列家具

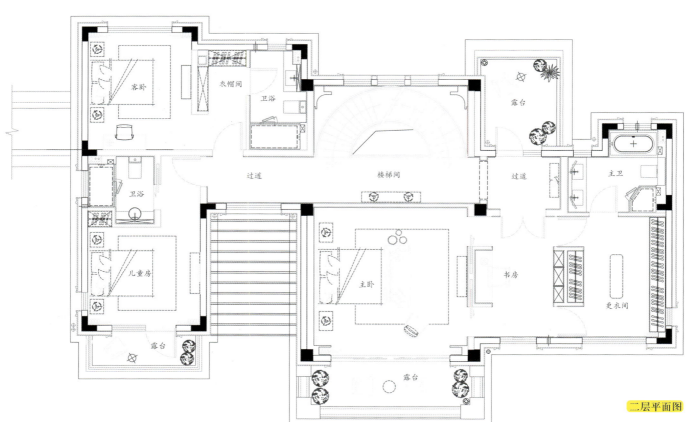

二层平面图

▼ ACCESSORIES 饰品 1　　　　▼ ACCESSORIES 饰品 2　　　　▼ 涟漪系列家具

◀ 错落有致的木质橱柜，黑白灰的搭配，以细节处的色彩相互呼应着，形成一个环环相扣的整体。

成功只青睐运气好的人？
所有幸运都是先苦后甜
换来的结果！

Does Success Only Like People Who Are Lucky?
All Lucky Is the Outcomes Started with Bitterness
and Ended with Sweetness!

设计师档案·设计师访谈·项目与故事

2018 法国双面神"GPDP AWARD"家居住宅空间类－国际创新设计大奖

2018 法国双面神"GPDP AWARD"文化办公空间类－国际创新设计大奖

2018 美国 TOP100 全球影响力华人设计师

2018 胡润大设计论坛
"最受青睐的华人设计师"

2017BEST100 中国最佳设计 100 强

扫码查看电子版

方 磊 / Lei Fang

壹舍设计　创始人｜总设计师

设计师档案

　　方磊擅长用混搭、冲突等美学手法开发空间的可能性，以表象和内在的矛盾统一来表现设计的本质。方磊于 2009 年创立壹舍设计，从此开启创业历程。他认为，设计师思维是感性与理性的结合，设计工作实际是表里不一的呈现。

　　长期活跃在设计圈的他积累了丰富的设计经验，精于现代设计的他喜欢用设计讲故事，并执着于将设计演绎到极致，屡创精彩的设计佳作。作为华侨城、华润、万科、保利、融创等一线地产商长期战略合作伙伴，他带领团队做出了华侨城苏河湾、嘉华嘉御庭、合肥万科森林公园等一些列重量级作品，并以其优质的服务和良好的信誉获得了业界一致赞誉。

视界对话方磊

以前瞻性眼光脚踏实地去努力，是成功的根基

> 多年前您只身来到上海，当时对未来最大的期待是什么呢？这些期待现在都实现了吗？

方磊：那个时候最直观的期待是在上海能有一个自己的生活空间，很幸运的是，通过自己的一点小努力，这个期待在我来到上海的第二年就实现了，甚至还超出预期地实现了更多的期待。

> 时间真快，壹舍设计已经创立十年了，您还记得当初公司成立时的样子吗？最开始有几个人？有没有想过它能发展到今天这样成功？

方磊：当初成立公司是一个偶然的机会。最初成立公司的时候只有3个人，也就是个人Studio的形式，随着项目上的推进，也为了能更好地将项目衔接下去，最终决定成立公司。

一开始我们对公司没有太过长远的规划。首先，是因为那个时候我刚从设计师的身份转化为一个设计经理人，还处于工作的调适期；其次，是因为我的个人性格使然，我更喜欢活在当下的态度，不会在一段时期内去设置太多障碍性的东西。

我认为只要能脚踏实地做好当下的工作，未来的发展都是可以通过一点一滴的努力来达成的，这也是公司走到今天我一直以来传达的精神原则。对于现在取得的一些成果，我觉得能在这个行业里有自己的作品出现就是一件很欣慰的事情。

> 一名设计师的成功离不开一步一步脚踏实地的积累和努力。您在创立壹舍设计之前已经积攒了许多室内设计行业的从业经验，对您影响最大的一些经历是什么？这些经验对您来说有着怎样的意义？

方磊：我所做的更多的努力是对自己专业度的提升和探索，从一个城市辗转到新的城市，首先需要对自己的专业认知全部清零，然后通过一段时间的学习来获得成长与蜕变，这个过程是很艰辛的，但是，通过那段时间的努力和付出，最终取得成效的过程，是对于我来说影响最深远的一段经历。

在这段经历中，我认为最重要的是实现了自己的价值，确切地说是自己在行业里的价值。从设计师到设计经理人，再从设计经理人到设计师，在完成这个角色互换的同时，也实现了公司管理、客户衔接等方面的价值完善。

> 对于设计界的新人而言，经验的积累期是必不可少的，在您看来，经验积累的重要性体现在哪些方面？

方磊：这个问题之前也有很多新人来问我，其实，今天从自己团队中的新人身上也可以看到20年前的自己，我想对现在的他们和当时的我说的最重要的关键词是——沉淀和脚踏实地，这两个特性会成为将来提升自己行业经验的根本立足点。在这个积累经验的过程中，不仅需要认真学习学校的专业知识，并将这些知识运用到实践中去，还需要提升自己对行业动态的敏感度，对时尚美学的接触度，以及对社会一切事务的感受等等，这些东西看上去似乎没有太多联系，但恰恰是作为一个成熟的设计师不可或缺的一部分。

▶ **提要 / Profile**

- 单枪匹马闯进魔都设计界
- 脚踏实地地成了"网红设计师"
- 有自己坚持的风格设计，也有必须摸清的市场朝向
- 拓展设计广度和培养设计新人是未来的发展所在

→ 合肥万科城市之光

现在很多年轻人容易急躁、急功近利，往往忽略了成功路上的积累过程，这样的心态应该怎样调整？可以给他们一些建议吗？

方磊：现在进入行业工作的90后、95后都已经成为工作主力，他们所接触的事物、视角、思维与70、80后设计师的角度是完全不同的。我建议大家要保持一种学习积极性，从最基层的事情做起，端正工作态度，把社会上的一些杂念性的东西、太过于表象性的东西暂时抛弃，懂得先付出后收获的道理，才能慢慢沉淀自己。

很多凭着一腔热血入行的人都希望能够遇到自己的人生向导，但如何做好这个向导并将引导的力量和作用发挥出来又是比较难的事。您一般会怎样鼓励公司里年轻的设计师？可以分享一些行之有效的方法吗？

方磊：我一开始并不是以鼓励的方式介入，我更偏向于告诉他们事情不对的一面。当然，对和错的认知大家各有不同，我希望能从我的经验和专业角度出发，帮助他们看到一些不对的地方，起到引发他们独立思考的作用，而不是用我做事情的方法论去指导他们。当然他们做得好的地方，我会及时给予肯定，但不会一味赞扬，我既为他们的努力感到欣慰，也提醒他们不要为当下的成果而骄傲自满。

您现在是设计界的"网红"设计师，成为很多年轻设计师的偶像，您觉得大家为什么这么喜欢您？有没有一些话想对他们说？

方磊：真的非常感谢大家的厚爱。首先我想说一下网红设计师这个概念，从2016年来说很多人把我定位为网红设计师，一开始我有点反感，但后来慢慢地我会接受这样的定位。若想获得行业熟知并认可，实际作品肯定是我们设计行业的最有力的成绩证明，但除了有能打动别人的作品之外，我本身还有一些其他设计师身上看不到的特质，这些特质也是促使我如今实现品牌跨界合作的重要因素。

希望大家能一如既往地关注、喜欢我的作品，也祝福大家都在设计之路上不断成长，都能有越来越多的优质作品呈现出来。

现在您的工作和生活会不会因为"网红设计师"的身份而发生一些变化？可以具体举几个例分享一下吗？

方磊：工作与生活对我而言密不可分，我的个人生活相对比较少一点，更多是在工作的时候。坦白讲，"网红设计师"这一身份在工作方面对我的影响还蛮大，正如我刚才讲到，现在有很多品牌邀请我进行跨界合作，涉及汽车类、家居类、时尚类、电商类等诸多领域，"网红"这个形象的塑造不得不说也有这一契机所在。

您经常代言一些产品，如汽车、时尚类、家居品牌等，是您的个人兴趣吗？做跨界代言是出于哪些方面的考虑呢？另外，跨界代言有没有给您的工作带来一些影响？主要体现在哪些方面？

方磊：不能算兴趣，应该说是跨界合作。因为我是属于跳脱性思维的人，在跨界合作中我会更多地以由内而外、再由外而内的方式来看待事物，这样也有助于我形成更多元的思维。有了众多跨界合作的经验，这对我的目标客户来说是一个加分项，今后对项目上的合作更有帮助。

代表作品

1 合肥万科城市之光
2 上海嘉天汇顶层样板间

→ 1

现在您的设计公司也快成为"网红"公司了,设计项目非常高产,发布的项目基本都刷遍设计网站和朋友圈,这是不是可以理解为品牌宣传的积极效应?可以跟我们聊一聊公司的成功与品牌宣传有哪些密不可分的关系吗?品牌对于公司的重要性体现在哪些方面?

方磊:嗯,这算是公司品牌宣传效果的积极体现。当被冠以网红设计师之前,设计圈大多没有听说过我,其实在那之前我们也是有很多不错的作品。后来我们本着既是宣传又是分享的想法进行了品牌传播,才得到了一定效果。

客观来说,大家也有看到一些没有进行专门品牌宣传的公司发展得也不错。设计行业的根基是拥有出色的作品,再通过品牌宣传,达到一种锦上添花的效果。品牌宣传的直观效应是把我们的优秀作品分享给行业内外的大家,为公司招揽更多的业务量,而这两方面是相互促进、相互提升的。

品牌形象直接关系到行业建树、领导人对行业的责任感,甚至是社会影响力等诸多维度,在实现资源整合、驱动业务规模、提升企业综合竞争力方面有着重大作用。

您坚持的现代简约设计现在越来越流行,有没有想过尝试其他风格的设计?为什么?

方磊:我们也一直都在不断地尝试、探索其他设计风格,在这个过程中我们也会把新的尝试和我们所擅长的现代简约做融合、做混搭,希望在这个过程中能有更好的突破与呈现。

很多年前,当整个行业都在做欧式、新古典风格的时候,我们就一直在坚持现代简约风格;到如今现代简约越来越流行的时候,我们会更多地思索三年后、五年后的市场需求会有哪些变化,保持这种前瞻性的思维方式是很重要的。

每个阶段流行的风格都会有所不同,您认为,作为设计师需不需要顺应市场的需求对自己的设计风格进行相应调整?它的利弊分别是什么?

方磊:关于时尚流行趋势、流行风格,是设计师必须做的一门功课。每个阶段的流行风格,在很大程度上反映了当时的市场偏好以及消费认可,整体而言这也是设计业内不断创新、不断进步的例证。我们不仅要去了解这种动向的变化,更需要多维度地思考和评判。

同时,设计师们又不能被这些流行趋势所束缚,设计师需要站在更前瞻的角度、更国际化的思维去思考如何引领市场的发展。一味随波逐流地跟风是不可取的。

最后,可以跟我们聊聊您个人在未来的发展规划吗?

方磊:我个人更偏向于一种"活在当下"的态度,但我所理解的"活在当下"也是为了未来发展做铺垫。目前我正在做自己的原创家居品牌,后续在不断完善之后会呈现给大家。另一方面,公司在近些年也在根据市场变化予以调整,将继续深化改革、不断创新。最后,我们也在培养团队新人,让他们的设计更有担当。加强团队核心凝聚力,创造出更多的优秀作品,尝试更多元化的设计体验是我们现在乃至未来的前行方向。

构筑天真童年，创造天伦之乐

Building innocent childhood, creating family happiness

项目与故事

项目名称 / 合肥皖投万科天下艺境亲子样板间
设计公司 / One House Design 壹舍设计
主案设计师 / 方磊、汪月梅
参与设计 / 陈诚
视觉陈列 / 李文婷、王丹娜
项目地点 / 安徽合肥
项目面积 / 260 m²
主要材料 / 古堡灰大理石、染色榉木、不锈钢彩色冲孔板、烤漆板、壁布等
摄影师 / 张骑麟

01 / Firstly

能促进互动的空间，是温馨家庭的发热源

寻觅生活温度，从细枝末节处开始。如流水般的场域营造，才可延续丰富旖媚的亲情礼赞。这套亲子样板间将人员结构、心理需求与生活习惯等诸多维度纳入设计考量中，以亲子互动作为出发点，勾勒出一家人乐享天伦的暖心剪影。

设计团队以人、空间、时间的相对关系作为思考延伸，审慎探究其背后所承载的居住方式。布局和组织基于亲子情感需求特点，注重空间的渗透与分隔，以现代设计语汇，结合动感生机的标识，营造灵动天地。

02 / Secondly
让来自然的能量衬托空间的美妙

得益于落地窗为室内引入明亮光线，映衬出材质的自然肌理，铺陈简约现代的情景氛围，为家人互动提供了理想场地。L形沙发后方设置书桌，创造客厅稳定面，勾勒整体主次关系。客厅两端背景墙，演绎出金属与石材、木饰面的碰撞，在体块穿插间传递出生活的动态与平衡的哲学。

以白色打底衬托出餐厅理性时尚、干净爽利。零散造型的灯悬于桌面，和金属线条、方形布局形成一种和谐之美。并且与主色调相近的餐桌椅保证与立面视觉协调。

◀ L形沙发后置的书桌

一层平面图

▲
阳台作为客厅的重要补充，触及自然，让四季美景在家中无处不在。搭配休闲桌椅，营造了度假般的惬意。

▲ 零散造型的灯悬于桌面和金属线条形成和谐之美

设计 Tips

超脱风格框架的局限，以功能性和实用性为导向，无需刻意连接，宛若一条蜿蜒的暖流，不仅诠释出进退有度的现代居住主张，更能随着使用者的探索和思考，转换成兼具温度与幸福的理想栖居空间。

03 / Thirdly

每一个家都可以有一个能狂欢的地方

步入地下室，高挑空的结构尽显开阔与层次，这里也是能为每位家庭成员制造快乐记忆的场所。材质上冷暖结合、刚柔并济，视觉上纵横有序、流动自如。嵌入式酒柜在隐形灯带的衬托下愈发精致，畅谈相聚、品酒作乐的喜悦随之氤氲开来。酒柜两侧可通往茶室、健身房，背后更是别有洞天，整体功能布局极为丰富。

健身房以微幅缓降的曲线变化沉淀着室外的纷扰，于朴素中散逸轻灵阔达的艺术气息。木饰面和镜面两种纯粹的材质令空间倍增宽阔，亲切宜心。瑜伽球与画作相得益彰，圆润的弧度和力学美感在此融为一体。

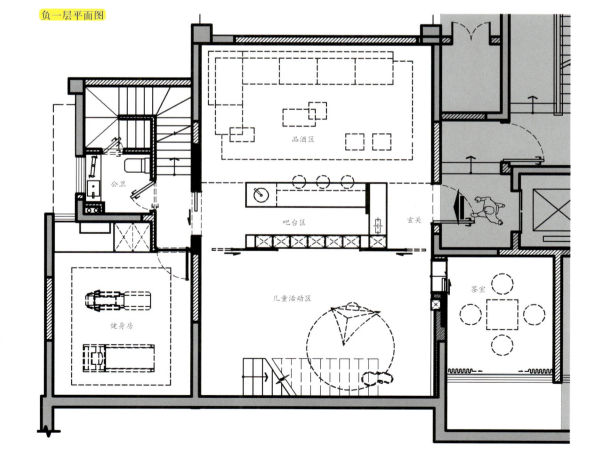

负一层平面图

▼ 玄关定制壁柜

04 / Fourthly

孩子的欢乐童年需要家人的参与，更需要空间的配合

　　成人世界有着繁多的标准和功能，孩童游玩则是无拘无束的，因而在酒柜后侧区域设置桌面足球、冰球等游乐装置。最引人注目的五彩斑斓立面为双层黑色钢板内打光定制打造，其中彩色亚克力可任凭灵感自由插放。蓝色金属冲孔板内藏楼梯，由此亦可进入同样专属孩童的夹层空间。

　　夹层两侧立面采用明艳活泼的壁布软包，既能给予最舒适的呵护，也能放飞孩童们的想象力。围合而成的单元落地窗延续了两侧立面的韵律分割，又实现夹层与楼下场所对望互动。多变的空间层次以及材料运用，承接色彩搭配的动感造型，引导孩童形成丰富的感知。

▼ 定制双层黑色钢板

负一层夹层平面图

蓝色金属冲孔板内藏楼梯

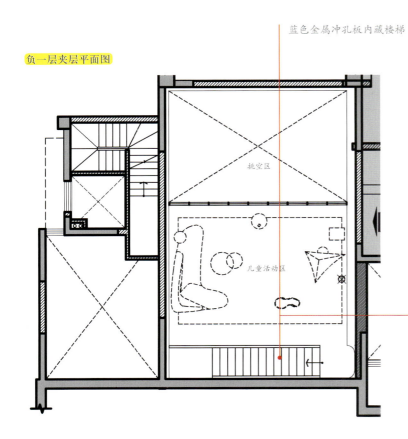

105

05 / Fifthly

为卧室打造最合适居者的形象

主卧顶面、立面均可见客餐厅的手法，呈现沉静理智。吊灯与落地灯呼应，表现出细腻的质感层次，于时尚别致中暗藏迷人细节。阳光缓缓渗入，温暖流淌。

黑白组合的画作跳脱而出成为视觉焦点，灰色背景立面嵌入分割金属条，在长辈房生长出宁静优雅，悠然怡心的气韵凝聚于此。

儿童房内L形窗体、千鸟格床品、印花糅合抱枕以及狭长纸灯，为这方空间增添了一丝俏皮与活泼，留驻梦幻奇想的童心时光，又极具个性丰盈的前卫格调。

项目与故事

当代设计勾画民族传统人文
The contemporary design sketches the traditional national humanities.

项目名称 / 中南樾府别墅下叠
设计公司 / One House Design 壹舍设计
主案设计师 / 方磊、汪月梅
参与设计 / 蒙程鹏、胥磊
视觉陈列 / 李文婷、李美萱、薛静尹
项目地点 / 江苏张家港
项目面积 / 225 m²
主要材料 / 古堡灰大理石、琉璃石、雅士白大理石、不锈钢镀古铜、不锈钢镀黑钛等
摄影师 / 陈彦铭

01 / Firstly

东方设计,在现代手法中氤氲出内在的函雅

"设计不以雍容华贵取胜,旨在以现代人的审美需求来打造东方韵味。空间以米色、灰色为主,线条与块面独立又相近,融于整体结构和气质,局部跳跃蓝色氤氲出宁静感,同时也将新东方之美引至更深的境地。"设计师方磊说道。

用诗意注解优雅,用严谨彰显利落。设计师方磊以洗练的手法,诠释了当代语境下的生活表达。游走于风格之外的两个空间,与人相连,讲述着东方风韵与摩登轻奢,灵动且各具魅力。

02 / Secondly
通透的布局，高质感用材是突显品质的直接手段

厨房、客餐厅互联开敞，以三折阶梯式对应划分功能区，塑造虚实格局。客厅一侧以纯白悬浮柜体内嵌黑色置物架，构成别样一景；另一侧利用金属黑钛分割的木饰面电视背景墙，搭配石材穿插手法打造而成的底座，立体感十足。

基于建筑结构运用 BOX 手法勾勒厨房区域，材质与色泽对撞形成有效辨别，餐桌与吧台平行布置，错落有致的吊灯增加了空间变化。利用有限面宽沿墙穿插构筑块面展示架，石材的质感以简洁的线条呈现而出。

设计 Tips
楼梯扶手处的整块透明玻璃，采用1cm金属不锈钢包边，展现其精致的细节和独特的工艺。同时搭配旋转状吊灯，进一步提升这一隅的飘逸感。

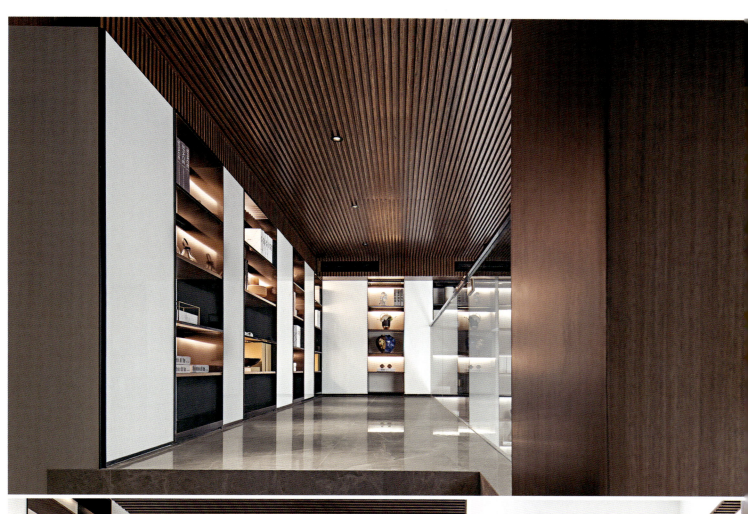

03 / Thirdly

家庭图书馆是一个空间、一家人的文脉所在

书房恰好隐于电视背景墙后方，质朴的木材赋予其温润的气息，让人倍感轻松。书架以不规则开放式的收纳布置，可提供既美观又多变的陈列方式。

探入夹层，是一处类似图书馆的场景设计。每件物品似是穿墙而出，书架层板内光影变化和顶部格栅的序列感给人强烈的视觉冲击。大胆创意的巧思由最下层延续至此，上下两部分以黑色块区隔，同时在颜色和块面形式上承接呼应。

▼ 阳光穿过主卧大面落地窗，透过划分衣帽间的夹丝玻璃，让明亮自然挥洒。米色背景壁布嵌入金属条，直线元素铺陈着空间层次。木色家居、清新画作，润物细无声般带来内心意蕴上的迎合，令居室幽然唯美。

设计 Tips

亲子主题的地下层，木饰面与米色壁布，营造出休闲氛围。欢快的蓝黄亮色家俬装点，寥寥几笔便构成了一个曼妙的儿童嬉戏之境。

在不断尝试中找回了那条专属自己的坦途,他要再为设计奋斗50年!

Through Making Constant Attempts, He Has Found the Exclusive Way of His Own. He Will Go to Work on Designing for Another 50 Years!

室内设计类畅销书作者

亚太建筑师与室内设计师联盟理事

中国建筑协会室内分会会员

亚太酒店设计协会山东分会秘书长

设计师档案·设计师访谈·项目与故事

扫码查看电子版

岳蒙 / Meng Yue

济南成象设计 / 上海岳蒙空间设计 创始人

设计师档案

　　岳蒙于 2009 年成立济南成象设计,以其出众的设计与服务被称为"山东室内设计的巅峰存在",经过长期的实践,总结出"用设计有效提升样板间与售楼处业绩"的理论。于 2018 年在上海成立上海岳蒙空间设计,不断拓展优秀设计和团队服务的影响范围。

　　在室内设计界摸爬滚打十多年的他在 2017 年写了一本书——《年轻设计师必修的七堂课》,献给入行 3 年左右的新人设计师,该书一发行便成为行业内畅销书,深受读者喜爱。

视界对话岳蒙

见过纷繁世界，蓦然回首，最初的梦想还在心底深处！

网上关于您的标签如三体迷、伪处女座、细节控、科技控……还有说您特别逗，或者佛教爱好者等等，您是个多重性格的人吗？众多标签中您最喜欢的是哪个？您对自己是怎么评价的？

岳蒙：我最喜欢设计师和作家这两个标签吧，自始至终我都觉得自己是个一抖机灵就会干傻事的小人物。

这众多爱好会不会给您的设计带来一些特别的灵感和创意？

岳蒙：因为自己做过3年的科技公司的产品经理，虽然做得很失败，但是依然让我转换了视角——更多地从产品的角度去理解设计，所以我最喜欢的就是：总结套路，归纳方法。

我反而对"灵感"这一类的词很脱敏，因为我们是一家商业设计公司，所接触的客户需要我们有确定性的交付设计，所以我们不能依靠不确定的灵感去给客户提供价值。也就是说，我更愿意依靠科学方法，而不是个人超验的灵感。

作为一位创业达人，您成立了成象设计、上海岳蒙空间设计，甚至还创立了互联网公司，众多跨界创业是出于您对不同行业的好奇心吗？

岳蒙：我一直非常珍视自己的两种性格特质，一种是好奇，一种是愤怒。当然这两种特质也带给我很多难以克服的缺点。

好奇，对世界的好奇，能让我不自觉地去追寻这个世界上的本质真存。由此带来很多探索的乐趣，也扩展了自己的视野。当然这个过程也是荆棘交织着鲜花，而且荆棘居多。而愤怒、让我保持激情和行动力，让我始终保持战斗精神和积极心态。但愤怒也导致了一些弊端，比如脾气不好、攻击性强、不容易妥协。

之前我做的那么多公司，只能说明一件事，我并没有做成一件有集中优势的事。也就是说，我始终处于失败状态，我并没有真正的找到自己的赛道。

现在我通过上一次做科技公司的失败，终于让自己确认了设计这个行业。我的余生就会在设计这个行业中坚持下去，我打算再为设计奋斗50年！

需要满足哪些基本条件才比较适合创业？前期哪些准备是必不可少的？

岳蒙：这要看你想创多大的业，不同的规模，需要不同的条件。但总的说，所谓创业就是解决社会问题，你能给社会解决多大问题，你就会有多大的事业。

例如，共产主义要解放全人类，也就是说它要解决人类根本福祉的问题。所以，共产党伟大光荣正确，共产党的事业也是人类最伟大的事业。再有，滴滴打车，就是要高效而经济地解决人们从A点到B点的运输问题，而这个社会问题很大，所以他是一家市值几百亿美金的大型公司。

所以，我觉的创业的第一步，是先想清楚你要解决的社会问题是什么。比如，

▶ 提要 / Profile

- 成立并成功经营成象设计
- 科技公司的失败经历
- 时间和能力允许他回过头来……
- 再为室内设计奋斗50年！

→ 威海别墅样板间

你开一家餐厅，你想解决附近3公里范围的人快速就餐的问题，那你不需要很多的资源和能力，就能做成这个事。但是，如果你要解决的是一个城市里的人快速就餐的问题，那么你需要的资源和能力就要更多更强。

当你要解决全国人民的快速就餐问题时，你需要的资源、能力，就是另外一个数量级的了，但如果做成了，你就是美团或饿了么这种大体量的企业。

所以，你要先想清楚，自己要解决什么社会问题，然后围绕这个问题，匹配资源、修炼能力。

您在2015年暂别设计圈，致力于发展您的互联网公司，您说这是一次失败的尝试，能跟我们谈谈关于这次创业的感悟吗？？

岳蒙：这个故事说来话长，但是总结为一句话就是，我脱离了自己的母体。

神话故事里有个大力士，只要脚踩大地母亲，就力大无穷不可战胜，最终他因脱离了大地而被敌人杀死。

其实商业世界也一样，在你自己的母体内时，你做事的效率是——事半功倍；而当你脱离了母体时，你做事的效率是——事倍功半，就是说，单位劳动产出的回报大不相同，投入和回报的效率太低。而我去做完全没有母体加持的事的时候，从开始就注定了失败。

时隔两年，2017年您又重新回归到熟悉的室内设计领域，与前两年相比，您是否感觉室内设计圈有些新的变化？主要体现在哪些方面？

岳蒙：我觉得大家进步都很快，我都快追不上了。

过去这几年是地产行业高速增长的这几年，设计行业作为下游行业，肯定也是水涨船高，而我偏偏错过了这个高速增长期。现在地产行业增速放缓，这对我们追赶的公司来说是个机会，可以利用这个时间认真的梳理构建自己的价值。

同时，因为社会上出现了很多专业的细分市场，整个市场成熟度也比以前变得高的多，这给很多像我们这样的小公司带来了机会。

您出版了第一本关于设计类的知识性图书——《年轻设计师必修的七堂课》，自发行以来市场反响都非常好，当初为什么决定要出一本这样的书呢？

岳蒙：苏轼有句诗：横看成岭侧成峰。

原来我在此山中的时候，我觉得设计是"岭"，当我能从另外一个视角回看的时候，我发现"设计"这座大山又变成了峰。但无论是岭还是峰，那座山还是那座山，也就是说那个本质存在的东西从来没有变过。

于是我想把这些最基本的不会变的常识写出来。

当时我写作时，给自己定的小目标是发行当年出售5000本。5年后的人再来看，还会觉的这是一本有用的、不落伍的书。

现在这本书已经卖了3万多本，至于5年后大家怎么看待这本书，我还是很有信心的。因为我写的都是不变的基本常识和道理，5年后不会变，50年后也是万变不离其宗的。

代表作品

1 福州华润样板房
2 济南佛山静院
3 威海别墅样板间

→ 3

您还出席过许多演讲,并主办一些培训,感觉您应该是一个非常关注年轻设计师成长的前辈,对现在设计新人的主要印象是什么?他们身上有哪些共同的优缺点?

岳蒙:其实我的演讲和培训并不多,大概一年一次的频率,而且我从来不参加任何活动刷脸。我之所以给大家留下比较活跃的印象,可能是因为我经常会写一些文字刷存在感。

其实,我不关心大环境年轻设计师的成长,我只关心我们公司里的年轻设计师的成长。当然,如果其他设计师能从我的分享中受益,那也只不过是我"好为人师"而产生的副产品。如果我的输出对大家有用,自取就好,恕不远送,更不用谢我。

我觉得设计新人,其实没有什么不同,都是人,人性永远不变,所以我更看中他们身上不变的东西。

有没有一些掏心话想讲给设计新人听?

岳蒙:雄心的一半是耐心,能力的一半是认真。

您的第一家公司——成象设计被网友称为"山东室内设计的巅峰存在",它的发展一直都挺顺利吗?期间有没有遇到一些让您觉得很棘手的事情?可以举例跟我们聊聊吗?

岳蒙:《创业维艰》这本书,其中有个段落说一个创业者在8年的时间里,过的好日子不到3天,其他的每一天都是在焦虑和痛苦中度过的。

说实话,我看到这里是热泪盈眶,心有戚戚。我们公司发展到今天,最让我头疼的自始至终都是一个问题——人的问题。

我们最大的坑,都是人带来的!

后来看《乔布斯传》,想想连乔神这种"大牛",在用人这个事上都没有少犯错误,我反而内心稍安。我相信这个课题会是伴随企业发展的永恒之咒,只能具身学习、进步、感悟、解决。

您觉得要想把一家设计公司经营好,最需要下功夫的是哪些方面?

岳蒙:任何一家公司,任何一个人类组织,大到国家,小到个人,都要在基本面上下功夫,都要在能给你带来正面反馈,带来加速度的事上下功夫,就像是滚雪球一样。

那么对设计公司而言,我们的雪球,就是作品。

你公司一旦产出了落地的好作品,你就能有更好的客户、更高的利润。与此同时,更好的客户会有更充足的预算,会助你产出更好的作品,创造更高的利润。如此循环往复,就是我说的正循环。

而作品不是凭空出现的,好作品是一个好系统的输出。一个好系统是能持续稳定可靠地,生产出好的作品,生产出好的团队,生产出有用的新知识和有创见的洞察的。

那怎么打造好的系统呢?这还是要在系统的基本面下功夫,当然这又是另外一个话题了。

2018年您在上海成立的上海岳蒙空间设计,是分公司吗?还是决定将成象设计的发展重心从济南转移到上海?是出于哪些方面的考虑选择在上海开分公司?

岳蒙:其实我们自己没有那么强的差别心。我们觉得还是一家公司,只是因为工作地点不同换个名字而已。

成立上海岳蒙设计的第一原因是:我们总是被甲方地域歧视,也就是说有的甲方会因为我们是济南的公司而歧视我们。其次,我们无法在上海注册上海"成象设计"了,所以只能换个名字。

我们将来肯定会把公司的主体放到上海,以方便服务全国的客户,同时,济南公司还会深耕山东市场,为我们的老客户提供更优质的服务。

到目前为止,您对自己有一个什么样的评价?不久的将来,您最期待要做的事是什么呢?有没有在筹备个人的第二本书?可以跟我们合作哦,哈哈!

岳蒙:我经常对自己总结反思,目前为止我觉得自己就是一个一抖机灵就会干傻事的小人物。

所以我的自我反省常常也是警惕自己有没有抖机灵、有没有想走捷径、有没有失去耐心、有没有把所有的精力都all in到自己所梦想的那座大教堂中。

我最期待的就是有一天,我们能够打通室内商业设计和科学之间的边界,让我们自己的大业务模式形成闭环,从而解决线下商业转换效率的问题。

项目与故事

东韵西骨

Eastern style and western structure

项目名称 / 东韵西骨

设计公司 / 上海岳蒙设计（济南成象设计）

项目地点 / 山东济宁

主要材料 / 木饰面、地毯、瓷砖、大理石、环保漆等

诗人艾略特说："一个造出新节奏的人，就是一个拓展了我们的感情并使它更为高明的人。创造一种形式并不仅仅是发明一种格式，一种韵律或节奏，也是这种韵律或节奏整个合式内容的发觉。"若格式和符号总是千篇一律，有趣的设计则更重于对空间内容和灵魂的发觉。

01 / Firstly

创新立意打造全新空间

在摩登东方的立意上，本案深挖隐藏产品表象之下的概念。在空间人物中定义新生活，在生活中设计新功能，从而创造出新故事。

设计师将空间的西方理性元素与东方传统的宝瓶纹、柔美弧线及水墨山水等表达杂糅，寻找黄金比例契合点，将东方含蓄和现代张扬握手言和。最终作品呈现出兼具现代气息下的东方气韵，以及中式元素的现代演绎。

02 / Secondly

传统设计手法在现代居住空间里的巧妙运用

"不要停在平原,不要登上高山,从半山上看,世界显得最美。"

——弗里德里希·威廉·尼采

中和之美,是设计师寻找的那一个黄金点。东方的古典含蓄和金属质感的自我张扬,在客厅空间里被链接、交错、重叠、融合,庄重大气和个性魅力达成了高度统一。

亭台楼阁起伏错落,渗透着设计师对东方语境的理解。中式韵味的基础格调,与新元素共生,从未易改的是东方哲学的进阶人生。

色白花青杯一盏,水墨纹理留白处,传达着古老神韵的龙腾祥云,皆成脚注。将根深蒂固的符号陌生化,便衍生出另一种立意。

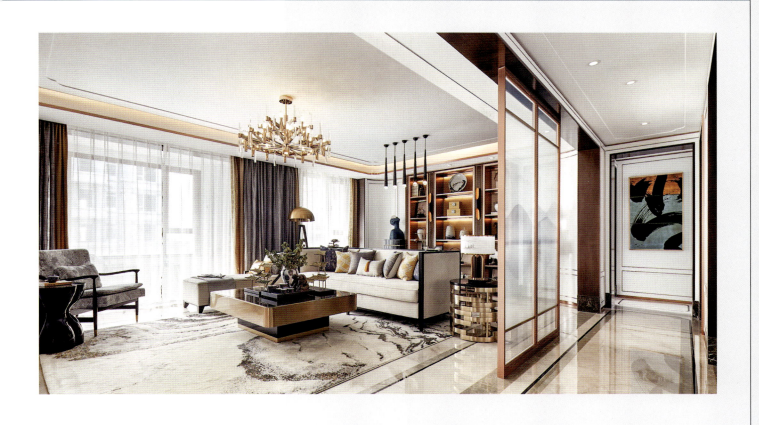

03 / Thirdly

完美的空间格局围合四季三餐的美好

即使是最不易被察觉和感受的往复，热爱者也善于在微不足道的细节背后，发现美妙之处。中西厨堪称珠联璧合，既满足了日常生活需求，也让稀松平常的四季三餐变得格调非凡。

初始之见，便心会了空间之韵。苍山劲松的古韵和金属流光的奢华同处一景，一半庄严，一半时尚。

04 / Fourthly

一枕山河浩荡长流

主卧床头背景墙的设计灵感，来自于中式传统的屏风，水墨江山的恢弘格局，笔触细腻，承载了一室的设计立意。L弧形起承转合处，一枕山河浩荡长流应运而生，此中诗意便荡漾开来。

衣帽间延续整个空间的格调，始终都在诉说对中式文化的钟情之意。汲取中式窗框的元素，以妙笔作花鸟图，和对时尚品味恰到好处的拿捏，生出别样风情。

05 梦里的城堡
Fifthly

每个女孩都有一个公主梦,不是午夜12点的梦幻水晶鞋,是如影随形的浪漫萦绕。城堡盛放公主梦,粉色唤醒少女心。空间的一切形、色、物,皆是与人的对话和情感的爆发。

美女 BOSS 诞生记：
如何从设计小白走进全球设计百强公司，再独立创业成功，号称女魔头！

The Birth of the Beauty BOSS:
How to Enter the Global Top 100 Design Companies from A Young Designer, and Then be Auspicious for Starting A Business, to Be Known As the Devil!

设计师档案 · 设计师访谈 · 项目故事

2009 年创办深圳市御融装饰设计有限公司

生活美学家 国际时尚家居买手

联合国 70 周年庆典，代表室内软装行业参加联合国中国华人艺术成就展

中国十大陈设艺术设计师

大中华十佳设计师

扫码查看电子版

汪子滟 / COCO WANG
YORO 御融设计董事长

设计师档案

汪子滟与她所带领的御融团队本着"成就美好生活梦想"的工作及服务态度，专门为星级酒店、会所、别墅、样板房、办公空间及私人豪宅提供专业的室内陈设设计服务。曾于 2013 年度获花样年地产年度"最佳创意设计奖"；2014 年度荣获中国（深圳）国内室内设计文化"大中华区十佳设计师（软装设计类）"奖；2015 年荣获软装"十大软装设计师"奖等。

现在，专注软装设计十余年的汪子滟，已形成了自己对软装设计的独到见解，她说："在软装设计上，我们一直坚持以空间为主，满足客户的心理感受，创造让客户感觉温馨舒适的空间。"

秉持"御风而行，融美天下"的经营使命，倡导"设计不羁，交付不渝"的企业文化，已成为南方软装设计服务领跑者。

视界对话汪子滟
脚踏实地的出好作品，赋予公司更多可能性！

作为一个80后的创业者，一入设计15年，最终历练成设计女Boss，而且是成功的美女Boss，最大的感受是什么？

汪子滟：知难行易，敬畏设计，痛并快乐着。

2009年，当您决定创办御融装饰设计的时候，第一件最想要做的事是什么？

汪子滟：认真的做好当下的项目设计，靠谱的交付，可以让公司正常有效的运转。

作为一家新兴的设计公司，创业后有没有详细规划自己的业务板块？重点业务在哪里？

汪子滟：开始并没有做详细的规划，只是会做团队擅长的业务，也因为作品被认可而生长出来了三个业务板块：房地产、大宅、工厂展厅。当然，团队伙伴做过更多的项目类型，我们大致的方向是没有改变的，就是基于生活方式的示范单位、业主及生活方式的家具等产品展厅。

未来重点依然会是基于生活方式的项目类型，我们会在这一块努力做到最好。

2019年是御融的十周岁，经营御融的这些年，让您感触最深的有哪些？作为一名优秀的领导者，必须要具备哪些条件？

汪子滟：感触其实很多，最深的应该是对人性的认知与理解。从山是山，到山不是山，到山还是山，有个螺旋式上升式的否定之否定的觉察。然后将这种领悟赋能到设计上面，做好每一次设计作品。作为领导，带领人处理事，情商解决人，智商解决事，这两个商都不能低。

管理人才最大的特点和难点在哪里？

汪子滟：特点是对人性的假设与判断，如何对人才做出正确的判断是管理人才非常重要的一点。不能仅凭想象或者他人的言语去假设，要亲身深入去认识，这样才能做出正确的判断。孙子兵法说：上下同欲者胜，如何理解并做到同欲，这是难点。

既作为设计师又要当管理者，您是如何在经营好公司的同时又能打造出个人化品牌的？

汪子滟：通常一流的设计师是三流的管理者。打胜仗是最好的管理，有好作品，有稳定的业务与现金流，就是最好的管理。而作为一家设计公司，作品是品牌的核心。作为公司Leader，做好作品，就会有个人品牌；打胜仗，就会让管理变得不那么重要。

提要 / Profile

- 开始：选定擅长的领域
- 运营：情商解决人，智商解决事
- 管理：打胜仗
- 未来：以变应变，适者生存
- 在生活中设计，在设计中生活

→ 中洲中央公园别墅样板房

可以聊聊您对未来设计公司品牌发展趋势的看法吗？作为一家创业公司应该怎样定位和建设自己公司的品牌？

汪子滟：设计公司的机构品牌，与主创设计师的 IP，或者 IP+IP 的 CP，进行相互赋能，互相成就，会是打造品牌的方向。创业公司，做好作品是品牌的根，创业公司核心设计师的基因与天赋，是定位的起点。至于发展到了一个阶段，根据市场细分，去在细分市场形成头部 IP 认知，会是品牌决胜的制高点。

俗话说设计师不能只顾埋头做设计，更应该花时间多抬头看看前方的路，可以跟我们聊聊在当前的经济形势下，设计公司要面临哪些机遇和挑战吗？

汪子滟：上游的房地产市场从黄金时代进入白银时代，影响了中国宏观经济环境，也影响了人们消费能力与意愿，还决定了 B 端与 C 端市场的需求变化，这些都是挑战，同时是机遇。更远一些，5G 让传输更快，量子计算机让运算更快，物联网科技让空间更智慧，这些都是设计公司要面对的基础设施环境的巨变，以变应变，适者生存。

您觉得作为一家成功的设计公司和那些苦苦挣扎的设计公司的区别在哪里？

汪子滟：成功的公司都是相似的，不成功的公司各有各的苦难。成功的设计公司都是建立了一个有效率的业务运营系统，各要素得到好的发挥。不成功的设计公司被每个要素拖累，比如客户、人才、供应链、现金流、机制政策等等。

您被戏称为软装设计的"女魔头"，可见地位非同一般，有没有一些故事跟我们分享一下？

汪子滟：我在工作中非常认真与严格，我自己就是对设计着了魔。里面有很多有趣的、也有些许无奈的故事，如果细说的话就太多了，都过去了。总之，对事魔头，对人天使，是我的一点领悟。

生活中您也是比较严格的人吗？会把工作和生活分开对待吗？

汪子滟：生活中会相对轻松些，工作和生活其实是很难完全分开的，设计师都是在生活中设计，在设计中生活。

最后，对御融的未来，您有没有一些展望？

汪子滟：希望御融的未来，有更多的好作品；有更好的模式与机制服务于更多的设计轻咖 IP，形成阿米巴模式的设计生态企业。也希望公司未来有"连锁化、平台化、资本化"的可能性，拥有更多的能量为中国设计、民间工艺赋能。

代表作品

1 拾乐府

→ **1**

项目故事

都市精致主义
纵享材质之美

The Principle of Delicate Urban,
Enjoying the Beauty of Materials

项目名称 / 玫珑府别墅

设计公司 / 深圳市御融装饰设计有限公司

设计师 / 汪子滟

项目地点 / 广西柳州

项目面积 / 484.73 m²

主要材料 / 黑檀、拉丝香槟金不锈钢、爵士白石、黑白根石、玛瑙玉石、意大利木纹石、水晶木纹石、法国灰石、黑檀木饰面等

摄影师 / 本末堂

01 / Firstly

设计前,精准把握项目的人物定位

我们所说的好设计应该是以贴合客户需求为出发点,满足使用功能的同时,打造舒适、温馨且美好的居住环境,让居住在房子里的人的生活变得更精彩。

本案作为地产楼盘的样板房设计,需根据楼盘的整体情况进行相应的客源分析,从而做出精准的人物定位。此案的人物定位为喜欢古典格调也钟爱当代艺术、深具文化涵养的高端客户,设计风格将新古典的高贵与当代品味的质感生活相互交融,空间以考究的软装细节、精粹奢华的材质搭配和富有激情的艺术主题,诠释兼具古典和摩登的当代居住范例,传递典雅的艺术人文美感。

高贵深青,卓尔不群,结合着金属色调展现出的耀眼风华,于清透优雅中汇聚着内敛谦和的温润质感,仿如一位闲庭信步的绅士,穿梭于精致与时尚之间,透露出奢雅的气质美感。

02 / Secondly

选择适合业主身份的色彩,是很重要的一步

色彩具有影响情感或者行为的作用,因此准确地选择色彩是设计中非常重要的一步,精致且具有艺术气质是本案色彩选择的前提。

客厅以黑白灰中性色铺展而开的通透视野,缔造出简雅的现代格局,新古典风格的家具造型端稳而雅致,在水晶吊灯的映衬下光韵流转,从容呈现着高贵的气质。精致的细节中透露一点悦动浪漫的复古色调,呼应客厅的装饰色系,令空间层次更为丰富。不论在色彩或配置家具的细节上,我们都尝试在传统与创新之间找到一个完美平衡,再通过画作、艺术品和地毯等定制品的设计元素巧妙地贯穿整个空间,展现时尚的文化品味。

▲ 层次鲜明的视感中,一抹复古的深青色令人眼前一亮。地面大片订制的压花地毯,衬连着ART DECO风格的家具,烘托出客厅的艺术气息。

似乎在思索的艺术雕塑,天真的憨态带来一点灵性,一点幽默。

▶ 设计，让家成为一件艺术品

室内设计已经不仅仅是解决业主的基本生活需求，设计师的职责除了让人住得舒服之外，更应当着眼于如何让人与人之间的关系更加和谐。让每个设计都成为艺术品，让人回到家中，就像欣赏艺术品一样赏心悦目。

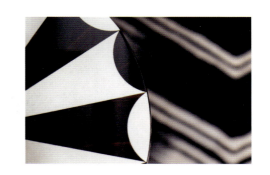

负一层在采光上下足了功夫，双向采光天井的设计，有助于空气的双向对流，同时将自然光线大面积引入室内，既大大增加了室内的亮度，还可以提高空间的舒适度。

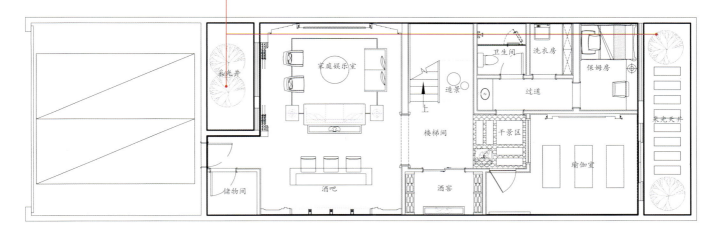

`负一层平面图`

一层大面积私家庭院景观的设计，积极打造出属于自己的个性化绿色起居空间。

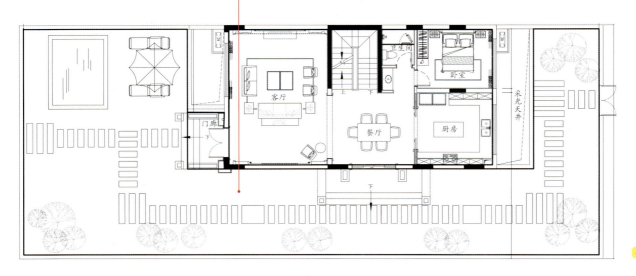

`一层平面图`

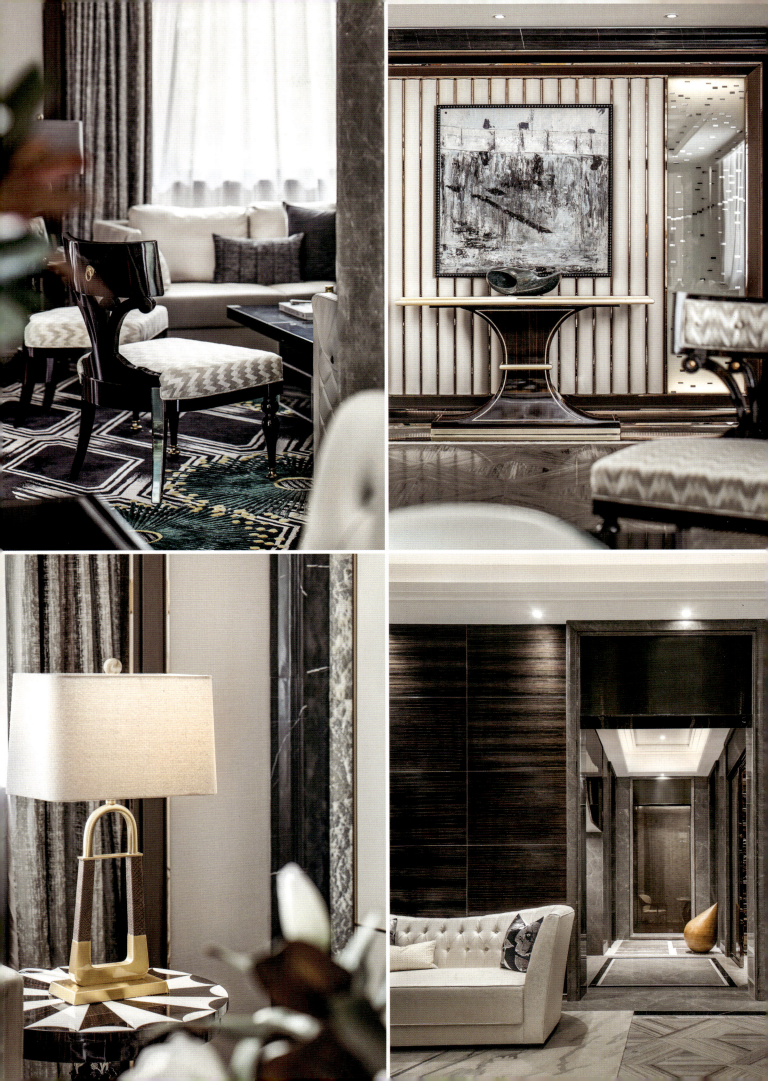

03 / Thirdly

创造完美的视觉效果,从而创造空间美感

在了解了使空间和物体看上去更加美观的法则和技巧的基础上,从而确定视线内空间的色彩、形状、大小更加合适、精美。

餐厅是分享美食、与家人情感交流的重要场域,造型稳重的家具为空间注入一份恰到好处的仪式感。大小适中的长方形餐桌,上面摆着琳琅满目的餐具,或浓烈或淡雅的气质,在水晶灯下清透的餐具细节营造了明朗豁亮的用餐氛围。

二层平面图

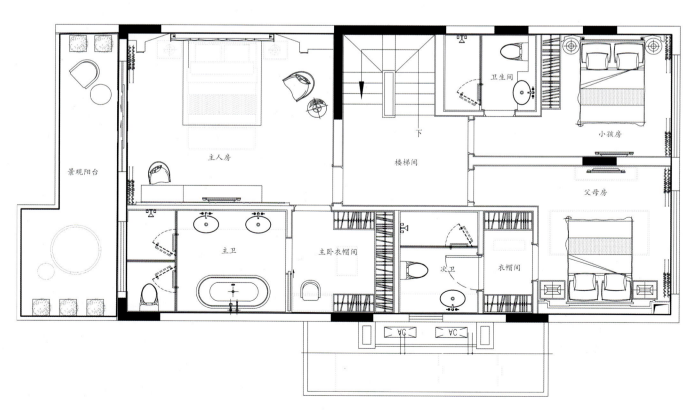

R 235
G 234
B 235

R 153
G 134
B 135

R 79
G 61
B 55

R 92
G 113
B 138

1. 主卧视觉上选择更为低调雅致的灰白色彩，家的舒适感油然而生。床尾湖水蓝色丝绒沙发质感上乘，造型优雅而复古，打破了空间的沉寂。清雅细腻的布艺和点睛的水晶装饰，透露出主人的时尚品味。

2. 书房在灰白的基础上加入更沉稳的深色系，细部用些许金属和亮色点缀，彰显时髦的贵气。精心安排的工作细节，似乎看到一位把汽车当作艺术品打磨的绅士正专注于创作。

R 190　R 131　R 71
G 171　G 101　G 45
B 170　B 100　B 30

04 / Fourthly

低调的灰白色系加入少许金属色，便能打造家居的高级感

　　灰白色背景下，金色的简易配色，轻松营造奢华氛围。灰色或白色的空间背景色的百搭特性可以让你在搭配金色时少了许多顾忌。金色在空间中无需大面积使用，画龙点睛，但是效果出众。

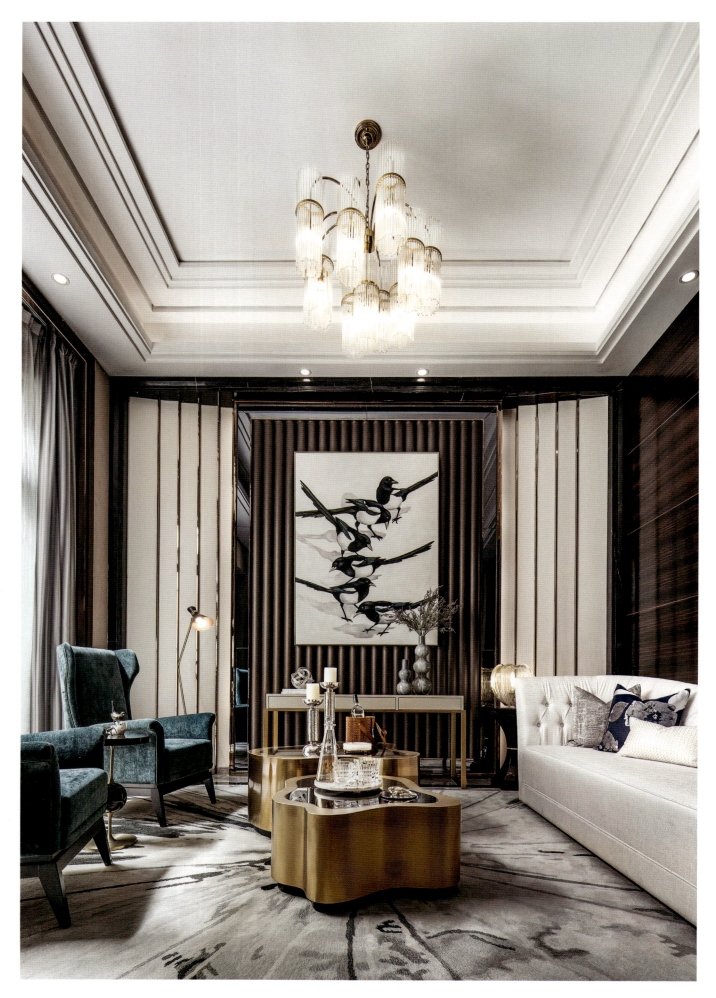

05 / Fifthly

好的室内风格必须传递空间的灵魂与未来的想象，让置身其间的主人在拥抱生活的同时更能分享人生美好

作为空间艺术灵魂的家庭厅，旨在打造一种不拘一格又极具凝练感的家庭气氛，我们将奇情雅趣融入真实生活，加之当代艺术的张力，融汇成一曲抑扬有序的歌。造型独特的黄铜茶几由两个不同形状的部分组合而成，这件富有雕塑感的作品展现出强烈的舞台效果，放在任何一个室内空间中都绝对是点睛之笔。极富活力的艺术画作令空间鲜活而趣味，深青色丝绒座椅也为空间注入了典雅的气息，各个细节、元素彼此协调、呼应，共同演绎了这个灵动梦幻的休闲空间，营造一个永恒和独特的天地。精致来源于各个细节上的考究，华贵的丝绒和黄铜饰面，映衬出轻奢典雅的格调，延伸复古绅士的情怀，令空间更具艺术感。

设计的内涵其实取决于生活的内涵，一个懂得生活的设计师才可以给业主带来更好的生活品质。

▼
酒窖的设计硬朗大气，极富张力的马头挂画与浪漫的插花艺术，带你体验贵族式审美情趣。

极富活力的艺术画作
深青色丝绒座椅
造型独特的黄铜茶几

梦想与坚持兼具的80后创业型设计师，立志打造全球最优秀的设计平台！

The Entrepreneurial Designer Who Was Born in the 1980s Is Determined to Create the Most Excellent Platform with Dream and Persistence

设计师档案·设计师访谈·项目与故事

2018金外滩奖样板间最佳奖

2018A' Design Award展示空间金奖、银奖

2018London Design Award入围奖

2017艾特奖软装金奖

2017金盘奖最佳预售楼盘奖

扫码查看电子版

王超 / Chao Wang

纳沃设计联合创始人 | 设计总监

设计师档案

　　王超作为联合创始人，从公司成立以来，一直带领团队从事商业地产、销售中心、办公空间、酒店及高端会所的设计工作。设计风格对于王超来说只是一种标签，打破风格表面的局限才是设计的真谛，无论何种风格如果不能理解风格背后的文化，所做的一切都将仅仅是流于表面。将文化以润物细无声的方式融入设计风格才是对设计的真正尊重，王超将这种尊重带到了每一个设计的作品中。

　　"臻于至善，匠艺出新"是他一直以来提倡的设计理念和精神追求，"匠艺出新"的新匠人精神想要表达的是一种继承和创新，是在继承传统和经典的基础上以艺术思想和技艺创造出一种新的设计表达。

视界对话 王超
在继承中创新，坚持设计多元化

王老师您好，您应该算是非常有代表性的那批80后创业型设计师吧？年轻活力、思维独立等，您觉得80后这批设计师身上最明显的特质有哪些？

王超：是的，就我个人和身边朋友来看，我觉得80后设计师身上最明显的特质应该是梦想和坚持。

您是2011年在北京创立纳沃设计（北京）有限公司，公司主要从事酒店、顶级豪宅别墅、地产样板房、高级会所、高档办公楼等领域的室内装饰设计工作，从涵盖领域来看非常广泛，是从一开始就决定了纳沃设计要全方位发展吗？

王超：是的，我们最开始是立足于地产样板间，因为对这个板块最熟悉，但是作为一个设计公司，肯定要全方位发展，保持它的创新度和多元化。

会不会因为设计的范围太广，从而出现发展方向不明确，把握不住的情况？

王超：过程中会有各种各样问题出现，所以我们现在把纳沃设计成立为一个平台，在这个平台上让每一个和公司一同成长起来的设计师都有自己的发展空间，在设计这方面，他们都能去做自己最擅长的。

您公司招聘的设计师是不是都要求是全能型的？还是各有专长？您主要负责的是哪一块呢？

王超：我们招聘设计师不会要求是全能的，当然全能最好，但是往往全能也会带来平庸，所以我们更希望招一些在专场领域非常突出、有想法的人。我这边目前更多的是关注设计的创意和方向，以及公司平台化的建设。

后来您又相继成立了纳沃国际装饰工程有限公司和北京聚视空间艺术品贸易有限公司，到2018年您又将三家公司合并在一起，等于您创立了一整套的设计体系，是为了能更好的服务客户吗？三家公司的侧重点会有不同吗？

王超：服务客户是一方面，就像上面所说，纳沃设计要做平台化，纳沃设计旗下之后还会有新的公司，我们要做的是一个设计平台，给和纳沃设计一起走过来的设计师和合伙人都有一个可以展现自己的舞台。侧重点各有不同，但是都是围绕设计来做，不会有太多主次之分。

合并之前与合并之后在经营上有没有一些变化？

王超：设计上每个公司都是独立的，整体由一个运营中心来管理统筹，唯一的变化就是更高效，让设计团队更专注设计。

感觉对于纳沃设计良好的势态发展您一直都是胸有成竹的，可以跟

▶ 提要 / Profile

- 创业：梦想与坚持
- 定位：全方位发展
- 领导人：指引
- 设计理念：臻于至善，匠艺出新
- 设计风格：多元化
- 规划：打造全球最优秀的设计平台

→ 云南昆明江湖海大平层

我们分享一下这些年对于纳沃设计经营的成功经验吗？

王超：胸有成竹谈不上，就像开始我说的，更多能让我走到现在的就是梦想和坚持，我们是因为梦想相同，几个合伙人走到一起，最初的几个合伙人都是设计师出身，我们能坚持的也只有把设计做好。纳沃能有今天的成绩，可能也正是因为我们没有想太多，只是朝着最初的梦想一步一步脚踏实地走过来的。

优秀的企业领导人才能带领企业往成功的路上奔跑，对企业的发展来说优秀的领导人是不是具有决定性作用？您认为哪些是优秀企业领导人必备的素养？

王超：是的，优秀的人总是能吸引更多优秀的人，所以我们也一直坚持寻找优秀的伙伴。我觉得做一个企业领导人首先要确认你的核心团队和公司与你自身的愿景目标是一致的，其次作为领导人应该给予员工更多指引而不是指令，帮助员工成长，帮助员工实现自我价值。

除了优秀的领导人之外优秀的团队也是公司发展必不可少的条件，您是如何定位您的设计团队的？

王超：我们一直以来和公司团队都在提出一个理念，就是我们在寻找同路人，我给设计团队的定位就是"立志将纳沃打造成全球最好的设计公司"，别无其他。

他们身上有哪些优秀的特质会感动您？可举二三例。

王超：梦想和坚持自始至终都是最打动我的，这也是为什么我能够一直走到今天的一个重要因素。

在招聘新的团队成员时，您会最后面试吗？还是会有一套统一的面试标准？

王超：我们会有一套统一的面试标准，只要时间上允许，我都会在最后进行面试。

对于新成员会不会要求他的设计理念跟公司的设计理念要是相符的？公司的设计理念是什么？

王超：公司的设计理念是"享受设计，享受生活"，对于设计理念我们不会强行要求设计师一定要怎样，一直以来公司就是以开放包容的姿态接受更多元化的设计，我个人也不喜欢给设计标签化，这些年来我也一直在努力做去标签化的东西。

我们都知道您的设计理念是"匠人精神"，最近您又在原来的基础上提出了"匠艺出新"的新匠人精神，这种"新"体现在哪里？

王超："新"主要是体现在对作品的创新，对设计的创新；匠人精神的执着、坚持、传承是我们一定要学习的，而且做设计这行是需要时间的沉淀，需要耐得住寂寞，但是千万不能被束缚。

是不是设计师应该随着时代的改变、阅历的丰富从而对自己的设计风格进行相应的调整？

王超：这个是肯定的，这也是我刚才说的为什么要去标签化。设计师肯定会有自己独特的风格，但是如果保持一成不变，那也没有什么设计的意义了，就是在不停地复制自己而已。

感觉纳沃设计的风格一直都是很多元的，您有没有自己最喜爱的风格？是哪种？可以聊聊吗？

王超：是的，我们这么多年来的设计风格是比较多元的，这主要是因为我们一直以来都是一种开放包容的心态。我个人比较喜欢简约的风格混搭自然的元素，设计师一般到最后都是会比较喜欢简约、自然、线条等等的设计元素传达的只是设计风格，而我们是想用设计传达感情。

这么多年，您的设计风格有改变过吗？

王超：有变的，创业之初更多的是在迎合市场，后面我更多是在研发、创新而去引领市场。

最后，纳沃设计才几年时间已经发展得这么好，想听听您关于纳沃设计未来的一些新规划或者新目标？

王超：规划就是想把纳沃设计打造为一个全球最优秀的设计平台，这个平台下的设计工作室拥有各个设计领域最尖端的设计人才，每个工作室都将会是这个设计领域最具特色的设计团队。

→ 1　　→ 2

代表作品

1 九曲河独院端户
2 金科九曲河独栋别墅

彩云之都,滇池之南
The Capital of the Clouds, the South of Dianchi Lake

项目与故事

项目名称 / 云南昆明金科大平层样板间
设计公司 / 北京纳沃佩思艺术设计有限公司
设计团队 / 王超、李贤、岳晓瑞、王月香、刘雪倩
项目地点 / 云南昆明
项目面积 / 299 m²
摄影师 / Benmo Studio 赵宏飞

01 / Firstly

都市生活和自然美景间的深刻对话

滇池,亦称昆明湖、滇海,是云南最大的淡水湖,有高原明珠之称。由纳沃设计打造的云南江湖海大平层样板间则位于滇池之南,得天独厚的地理位置以及滇池的湖光山色与历史文化的交融,赋予了设计师新的设计灵感。

设计师接到本案的第一想法是如何利用一个270°开放的空间去营造一个更为明亮通透的氛围,设计师在平面上巧用布局,使得客餐厅成为一个整体。从每个窗户望去,都是截然不同的景象和感受,大尺度布局到细致入微的细节刻画,无一不在强调品质感。

每当夜幕降临,窗外的景象变得别有风味。随性享受游走在开放空间的现代都市生活,简洁而富有设计感的家居饰品,与全景落地玻璃窗外的城市隔空对话。城市的景致被置于画框之中,在平添一份通透的包容之心的同时,尽享远眺城市之景的快意。

02 / Secondly
细节堆砌的奢华品质空间

高端的生活是对品质的绝对保障，真正的奢华从不是华丽原色的堆砌，而是贴心到每个细节的倾心设计。

初入房间，一个抽象的雕塑成为进入空间的起始点，简约中可见立体的倒影，营造出浓厚的艺术气质，瞬间抓住人们的眼球，成为视觉焦点。高级灰为主色调的空间下，优雅高贵的沙发组合、金色玻璃茶几、极富造型感的豪华吊灯、对称布局的餐桌椅……精致奢华的质感充盈在空间的每一个角落。

▶ 过道处的收藏陈列柜充分利用了空间，更添一分生活品质感。

设计 Tips

把抽象的雕塑作为进入空间的起始点，简约中可见立体的倒影，营造出浓厚的艺术气质，瞬间抓住人们的眼球，成为视觉焦点。

03 / Thirdly
色彩的内敛和张力

与开放空间的奢华不同，卧室呈现的是另一番低调的品质生活。主卧区域，设计师以立体背景墙纸来渲染神秘，成熟稳重的颜色搭配下，以理性的思考方式回归家的本质，赋予空间内涵和优雅。男孩房以灰色为主调，鲜艳的黄色跳脱出来，明亮清新；女孩房则以粉蓝为主，搭配同色系的地毯，温柔恬静，床头和床尾处的装饰画增添现代艺术的气息。

项目与故事

现代轻奢演绎的内涵优雅
Modern Luxury Deduces Content and Elegance

项目名称 / 沈阳中粮广场样板间·167 户型
设计公司 / 北京纳沃佩思艺术设计有限公司
陈设设计 / 纳沃软装部
项目地点 / 辽宁沈阳
项目面积 / 144 m²
摄影师 / Benmo Studio 赵宏飞

01 / Firstly

开放空间下的低调奢华

本案为现代轻奢风格，用低调的方式来诠释奢华，用更加理性而睿智的态度演绎高品质且简单舒适的生活态度，注重设计出更高品质的优质生活空间。客厅不规则茶几和沙发组合搭配，现代风格造型简洁明快，兼具了时尚和潮流，用开放式设计手法去诠释空间氛围，使整个空间舒适而明亮。

以实用美学视角借助隔板，划分客厅、餐厅及书房，在灰调的基础上点缀以简约装饰，充满现代感的优雅流淌于餐厅。

02 / Secondly
沉稳的色调是对风格的进一步诠释

客厅以沉稳的大理石花纹色调为主题，配以颜色深浅不一的沙发茶几组合，高贵、优雅的格调于灰调空间下流露出来。茶几上素雅的绿植和沙发上的一抹绿色，也为空间增添了几分清新与自然。

经典黑白撞色的书房，尽显简约的魅力；温馨素雅的卧室缔造舒适的品质生活。

← 1
← 2

1 大理石诠释现代奢华
2 简约的装饰点缀

03 / Thirdly
软装细节丰盈质感空间

材质的色彩和质感本身即是审美，空间中每一件家居都见证了生活的美丽，让高品质的生活方式成为常态，呈现让人赞叹的风姿。每个用心修饰的细节，都是对美学的追求，若有若无的出尘气质在空气中缓缓流动。

有独特艺术感的雕塑品，体现了主人不凡的品位；干净简洁的书房配以时尚的格纹地毯，使空间的每个点滴都充斥着都市气息，同时在书房运用内嵌置物的手法，使空间得到了最大化利用，可谓是藏秀并举。

两个卧室的风格大相径庭，一个现代而时尚，一个柔和而静谧，对称式的空间分割方式与柔软的床品相互呼应，表现出细腻的层次质感，于细节之处打动人心。

一个喜欢插花、沏茶、爱购物的感性设计师，以这样的方式沉迷于室内设计！

A Sensual Designer, Who Likes Flower Arrangement, Tea, and Shopping, Indulges in Interior Design in This Way!

设计师档案·设计师访谈·项目与故事

入围 2017 陈设中国年度设计人物

2017 中国 CBDA 跨界艺术家

2017 艾特奖最佳陈设艺术设计奖

中国建筑文化研究会陈设艺术专业委员会 特聘专家 / 常务副秘书长

兼中国建筑文化研究会陈设艺术学院 院长

中国《建筑与文化》杂志 编委

美国 ACI 国际注册高级室内设计师

扫码查看电子版

黄加一 / Anna

锦壹（上海）装饰设计有限公司　创始人｜董事设计总监

设计师档案

　　黄加一是国内首个社区美学中心商业模式的创立者，拥有二十年室内设计经验，数年来曾参与国内外不同业态的商业设计及规划，积累了丰富的原创设计、项目实施、设计监管等实战经验。2015 年起联合万科、招商、华润、仁恒等地产公司共营售楼处，改造多业态生活美学中心的商业模式，擅长空间的优化与升值服务，致力于社区生活美学的传播与推广。

　　KIM 集团在她的带领下从空间美学设计出发到生活美学的创造传播，希望为客户、团队乃至商业伙伴提供创造和实现美好梦想的机会，秉承从"心"开始绿色设计的理念，致力成为中国最好的生活方式设计服务商。

视界对话黄加一
就算因为热爱设计而变成工作狂，也要好好照顾自己

我们知道您之前学的是服装设计专业，到2011年开始专注于陈设艺术设计，中间还从事过硬装设计工作，对他人而言，这是跨度比较大的三个领域，当时怎么会做出这些选择呢？

黄加一：我是先开始做硬装设计的，后来才逐步专注到陈设艺术设计，在外人看来似乎是服装设计、硬装设计、陈设设计这三者的跨度很大，其实这其中的设计理念是互通的，比如早期做了很多酒店的项目，里面就涉及到硬装、艺术品陈设、色彩搭配等各个方面的设计呈现，所以这个跨度并不是很大的，我只是在这个完整的设计里面选择了最后落地的陈设艺术设计领域。

是什么信念让您坚持从事室内设计工作这么长时间？

黄加一：应该是热爱吧，我很享受设计成果给人带来的幸福体验和那种成就感，针对不同客户的设计过程也给我带来不断的全新的体验，所以真的就是内心的热爱。

2012年您跟伙伴一起创立了锦壹（上海）装饰设计有限公司，当时公司的发展有没有明确的定位？核心价值是什么？

黄加一：在公司设立的最初我们就很明确自己的定位：就是成为行业一流的陈设设计顾问公司，包括对加入公司的伙伴也是如此，把他们往设计顾问的方向上培养，锦壹的核心一直秉承从"心"出发，创造设计附加值，希望为客户、团队、乃至商业伙伴提供创造和实现美好梦想的机会。

在创业中一定有遇到一些难题吧？以一件您印象深刻的事为例，可以跟我们聊聊您的创业故事吗？当时是怎样顺利解决的呢？

黄加一：创业中遇到的不是一些难题而是很多难题，这么多年在不同的时间段遇到的都是不同的难题。单从工作难度来说，问题都是可以解决的，最难的应该是团队、用人这方面的。我是属于比较感性的人，每个小伙伴进来都希望能够拥有共同的价值观，可以一起创造共同的目标和梦想，但其实可能付出了3~5年的时间之后，他突然说这不是我想要的，就好像两个恋爱的人在一起经历了3~5年，突然想要跟我分手，感情上其实很难割舍，这应该是我觉得遇到的最难的难题。

至于解决的方法，其实就是调整自己的心态，锦壹所有能够进来的新人都是非常注重人品、价值观的。我们花了那么多年的时间把一个刚出学校的"小白"培养成一个人才，他的优势是拥有锦壹的一些良好的价值观或者我们的良好的工作习惯，如果最后他离开了，也就是我们为这个陈设行业、为社会贡献了一些人才，我们也希望他们在未来的工作里能利用之前所学来壮大这个行业吧。所以关于这个难题的解决方法应该不算是解决吧，只能说是自己在内心把这件事看开了。

对您而言，挑选团队成员时最看重人才哪方面的品质？有哪些是要求必备的技能吗？

黄加一：这个问题特别好，这跟刚才说的是相关的。在选人的时候，首先我们最看重的是人品，一个有着良好品质的人是会慢慢形成很强的个人魅

▶ 提要 / Profile

- 从服装设计转行到陈设艺术设计
- 创业中遇到最大的问题还是"用人"
- 首创中国社区美学中心模式
- "身体是革命的本钱"

→ 宣城宛陵湖新城样板间

力的,同时,一个人品很好的人会有底线,这样我们公司设定的规范他会去遵守,对于目标也会有坚持的韧性和能力。其次是技能方面,一个好的设计师分为两种:一种是天生具备设计的灵性,另一种是通过后天的不断努力去获得一些技能。我个人而言,更看重这个人是不是具备灵性,就好像两个人在一起他能很快明白你在说什么,对于教授给他的知识也能够很快转化,假如他不具备这个能力,那可能你把毕生所学都教给他,他也不觉得有什么用,转化不了,所以我觉得灵性也是设计师蛮重要的一种能力。

→ 1

一个人做设计和带领一个团队做设计完全是不一样的感受,您和您的团队是如何实现不断突破和创新的?

黄加一:一个人做设计和带领一个团队做设计的确是不一样的,自己做设计可能还更轻松,因为也许我只需要关注客户的喜好和注重自己的设计表达就可以了。但带领一个团队做设计,就需要考虑到团队成员的感受,因为设计师这个群体本身就很有自己的想法和主见。这是一个团队,就像古时候将军带领士兵打仗一样,设计总监不仅仅是去做设计,而是要去做设计管理,突破和创新都是对于陈设这个行业的理解,还是说回前面的问题——源于内心对设计的热爱,而且团队也一定要是得到认可的,这样才能让大家一起配合完成项目。

在保障公司核心业务的前提下,您会选择性地带领团队做一些跨界业务,一般您会选择哪些类型的业务?

黄加一:"跨界"这个词每个人的理解都可能不太一样,比如有的设计师去学花艺、学一下茶道就感觉是一种跨界,其实在我看来这只是说在原有的设计基础上,给自己某一方面的能力开拓。

一个设计师如果只会画图做设计方案是远远不够的,好的设计师还需要很多设计以外的跟生活美学相关的能力拓展,只有这样,在我们想要传播我们社区生活美学概念时,才能让大家了解到我们还可以做哪些业务。公司这样的发展方向发现人才是最重要的,但其实目前我们这个领域是招不到这样陈设艺术的人才的,所以我们希望在美育方面为这个行业多培养一些这样高品质的人才。

这些跨界业务对自身的陈设设计工作有没有一些帮助和促进作用?具体体现在哪里?

黄加一:我自己之前的专业其实是服装设计,但机缘巧合,跟了做室内设计的老师。其实从服装设计转到陈设设计,会相对更有优势,因为我会对面料、色彩等有更加深刻的感觉。而且跨界做出来的陈设设计,能够打破界限敢于结合个人原来的设计特点,像时尚、个性、混搭的设计元素往往会让设计表现得很特别、很新奇。

您作为中国社区美学中心模式首创者,社区美学中心的核心是什么?可以跟我们详细谈谈吗?

黄加一:目前在国内首创的社区美学中心,以生活方式研创"公益新活动"引领"社区新商业"模式,主要与开发商共同开发社区物业升级服务,用场景化的复合商业生态,提供与生活方式相关的整体解决方案!

现代都市的人们，生活在一个大部分设计品都能量产的世界，随手可得、便捷、标准化的生活模板，但生活体验也逐渐雷同。

我们打造的社区美学中心则不然，我们注重将艺术美感嵌入居家生活，让情感注入生活的设计，一盏灯、一幅画、一个摆件都能刻画出居者的个性与品味。

您一直是一个善于发现并坚持创新型的设计师，可以跟我们简单分享一下您的设计与生活美学吗？

黄加一：我希望美的东西先从普罗大众开始普及。其实我们可以看看一些发达国家的外国人，他们从小就在环境优美的街道里，在这种社区环境下长大，在自己的家里、社区里接受良好审美情趣的熏陶。但目前国内还做不到这一点，所以我特别希望在做开发商产品的时候，同时也能推动社区美学的传播。让业主在购买这个房子后，可以通过我们的社区美学中心，接触到中国的传统文化。比如说让小朋友在社区美学中心里学习茶道礼仪，这是一种可以让小朋友安静下来，了解中国文化的传承体验。

陈设艺术真的是可以通过我们对这个空间的营造，赋予它更多的附加值，从而做更有意义的事情。

在未来，对陈设艺术的设计师要求会越来越高，因为你不只是把一堆产品放进去，而是要打动人心。一个好的陈设艺术设计，是可以让人产生共鸣的，产生共鸣之后才会去欣赏，才会产生想要拥有的冲动。

最后，我们都知道设计工作非常需要头脑风暴，而一个健康的体魄是进行高强度烧脑工作的基础，心理健康和身体健康都是必不可少的。您刚好又是一个"工作狂"，在平衡身体与心理压力方面有没有什么妙招？您一般是如何处理的？

黄加一："身体是革命的本钱"这是大家都知道的道理，但很多设计师真的不当回事，我个人是很反对加班的，其实我们这个行业加班熬夜很普遍，但我们公司熬夜加班的情况很少。

我的确是一个工作狂，但2017年年底身体出了状况，做了个手术，休息了3个月，那段时间对于我们团队而言是一个挺特别的过渡时期，那个时候就会觉得，一个人的力量真的是非常非常有限的。自己停下来之后，有的项目也会停下来，因为有时候客户他认的往往是某一个人。一个设计团队的灵魂人物代表的是她自己的品牌，但这个灵魂人物倒下来之后，客户会失去安全感。通过那次生病的经历，让我下决心一定要在美育方面多培养一些优秀的人才。

在平衡身体与心理压力方面，会去接触很多自己喜欢的东西，比如美食啊，美丽的艺术品啊，在生活上我其实对自己是很好的。在心理方面，心理健康和身体健康是并行的，尤其对于一个公司的设计总监来说，一定要有强大的抗压能力，一边要给团队信心，一边要去评估每一个项目的各种可能性；另外心理健康还需要很"佛系"的心态，平时没事的时候真的是要喝喝茶插插花，修身养性一下，一定要去找到能够排解自己压力的方法。

还有一些我个人缓解压力的妙招，就是买东西！买的过程也是对自己审美的提升，因为一个好的陈设设计师也一定是一个好的买手。

代表作品

1 九月森林别墅样板房
2 宣城宛陵湖新城样板间

→ 2

项目与故事

法式轻奢感染家庭生活，是罗曼蒂克式的家居体验

French Luxury Influences Family Life, Which Is A Romantic Experience of the Household.

项目名称 / 南京金基九月森林 N2 样板房
设计公司 / 锦壹（上海）装饰设计有限公司
设计师 / 黄加一
项目地点 / 江苏南京
项目面积 / 472 m²
摄影师 / Ingallery 金啸文

01 / Firstly

一楼会客厅打造中产的生活方式，沁透心脾的蓝调

在某一个温暖的午后，拘一缕阳光，品一杯红茶，再捧上一本好书，慵懒地陷入沙发的温柔中，遐想一场跨越时空的对话，品读每一个字的浪漫，每一句话的温柔，惬意，缱绻，任时光从指缝溜走……

设计师在深入了解项目定位后，寻找住宅外部环境和内部环境的统一，并接轨国际现下的生活方式给业主营造专属感、尊崇感、安全感和可参与感。在家庭共享空间，阅读，分享，会客……如果说从千万色彩中选择一款最能打动人心的颜色，有着冷艳色泽质感的蓝调必属其一——从一丝柔和的清爽到一抹深沉的典雅，从一份沁透心脾的舒怡到一丝平静深邃的诱惑。

法国优雅的 RocheBobois 沙发，代表的是一种生活品质；窗帘和饰品的色调，以金色饰品点缀，配搭高级灰沙发和地毯等，色调轻松明媚，氛围和缓舒怡，清爽的高级感扑面而来。

想要打造令人耳目一新的视觉效果，黑白配色搭配任一彩色系就可轻松完成，通过鲜明的色彩对比，来展现出个性的视觉冲击，将高雅时尚的质感及其所特有的悦动、灵秀气质加以展现。

02 / Secondly
让色彩亮丽整个空间，感染你的情绪

这是一组表现力十足的色彩组合，黑与白的色调碰撞，总是会在第一时间抓住眼球，给人无法拒绝的吸引力，而它们最吸引人的地方莫过于可以和任意单色搭配，从而产生强烈对比，带来鲜明的视觉冲击，从而表现出个性特质。

窗外迷人的风景，芦花飞扬，在风中摇曳，半醒半梦的午后，到处弥漫着慵懒的气息，悄悄爱上了春日的微风，就这样静静被她拥进怀抱。阳光暖暖的洒在身上，一切都很温暖和惬意，空中仿佛有着一层结界笼罩在眼前，这里远离车马喧嚣，一切安之若素……

一张色调舒适的黄奶油色单人沙发为客厅带来了优雅而温馨的气氛，搭配黑色绒抱枕和蓝色调的窗帘，共同营造出时尚明快而又温柔典雅的视觉诱惑。

蓝色调的 GACCI 加绮高定窗帘和现代气息的边几让人置身于时尚柔和的氛围中，搭配高级灰和金，年轻与优雅相伴而行。曼妙的枝叶、娇羞的花瓣、清新的色泽、微醺的芬芳，花枝烂漫间尽是柔情。

回忆像沙漏，轻轻的慢慢的一粒一粒流转，那些时光的沙粒，一粒一粒跳跃在眼前，仿佛看到你们相识、相爱、相守的情景，羞涩、热烈而美好。

厨房，给了女人这俗世的幸福，有火苗跳荡，有能量和爱源源涌出。其实很多女人都有一个关于厨房的想象，想象中的厨房不光干净时尚、功能强大，这里还满是精心挑选的爱物，用这些精致的炊具，烹饪出让自己和家人感到幸福的美味菜肴。

竹枝杆挺拔，修长，四季青翠，凌霜傲雨，倍受中国人民喜爱，有"梅花，君子兰，竹子，菊花"四君子之一，"梅松竹"岁寒三友之一等美称。中国古今文人墨客，嗜竹咏竹者众多，"门前万竿竹，堂上四库书。""疏疏帘外竹，浏浏竹间雨。窗扉净无尘，几砚寒生雾。""累尽无可言，风来竹自啸。"，更有大诗人苏东坡说"宁可食无肉，不可居无竹。"

一层平面图

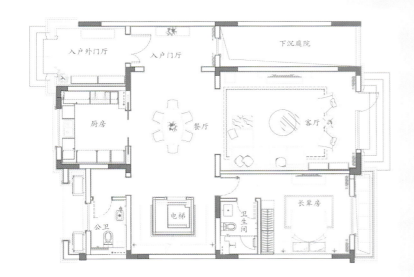

黑与白

设计中无法避免的两种色调，简约，经典，仿佛自然中水墨山水的浓缩，又仿似昼与夜的惊诧变幻，美丽醉人，余韵悠长。

负一层会客室的家具搭配

基于房屋原来的硬装基础，在光院设计了整片绿植墙，狭长形的室外空间搭配白色简约的户外休闲座椅，形成了雅致清新的庭院小景。主沙发后的小乔木呼应了窗外的绿意盎然，是对场所精神的悉心解读。灰蓝色的主沙发给人一种安宁的沉静，大胆搭配金色的窗帘，褐色的靠枕为整个会客厅带来了明媚与和煦；湖水蓝拼黄褐色的现代单椅则表现了蓝色与黄色系在同一空间的层次感。光透过黑色的灯罩给整个空间加入了一些深沉硬朗的风采。

设计 Tips

你特别吗？你害怕特别吗？你不擅长表达爱，期待时间变慢，在输赢面前学会落子无声，和所有人不一样。与世界和解，包括内心的小执念，见识再多更希望有自己的见解。世界哪有全盛的时刻，只有你的时刻，时间如此宝贵，要花费真正美好的事情上。城市看不到尽头，还好有内心的坚持可以观照。

烟火尽头，找一世外净土，
看繁花落去，听百鸟声鸣。
晨钟暮鼓，安之若素。
幽静山林，开一方水土。
赏一方天际，闻一林清净。
看花开花落，任时光荏苒。

03 / Thirdly

负一楼轻奢商务的空间，打造时尚的休闲接待氛围

私人酒窖，几乎是每个成功男人心底的情结。一套大房间，里面是整排的落地恒温酒柜，根据不同的温度需要摆满自己的藏酒，有舒适的真皮沙发、柔软的地毯、琳琅的水晶酒杯架……在这里，你可以尽享人生中最惬意的时光，在你想找寻安宁的时候，往往有两种最好的选择，一是安排一次长途旅游，二就是躲进自己的私人酒窖，在自己营造的另一个世界里陶醉一番，招呼几个好友一起分享酒香与宁静。

遍布绿意的空间有能够平复心境的能量，像一双温柔的手，从掌心的热度传递来源源不断的力量；它传递给人舒适的视觉感官，潜移默化地影响着人们的心绪。身处其中，你不但能找回内心片刻的宁静，还有强烈的归属感。

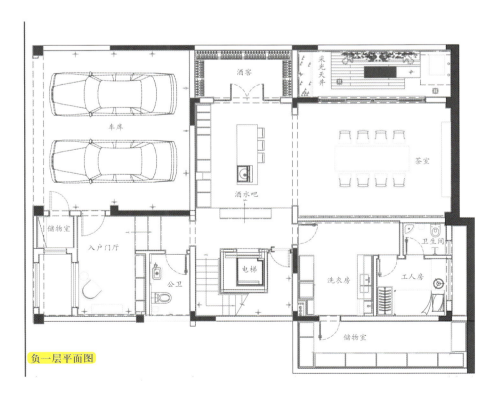

负一层平面图

04 / Fourthly
法式轻奢，陪伴是最长情的爱

在主卧的陈设设计中，设计团队结合淡雅的空间色调、金色几何线条与典雅时尚的床品，打造出一个法式轻奢主义的空间格调，既承袭了最具法国特色的优雅、浪漫，同时也让空间更为轻盈、时尚与现代，从而贴近了时下青年对品质生活与潮流新风尚的理解。

在灵活的配饰选择上，则有更强的法式浪漫与创造性，强化主题风格的同时意在提升空间的艺术感。

数个色泽、形态皆精心搭配的饰品及大棵绿植是空间中不经意的亮点，点缀其间使空间更为亲切鲜活，细节中尽显设计师的匠心美意。

为你沏一杯爱的茶，看着你慢慢品味，流年风雨，凝眸一笑温暖落在了心间。尘世沧桑，一句：我在，便是最长情的爱！在法式格调的低吟浅唱里，静诉美好时光。

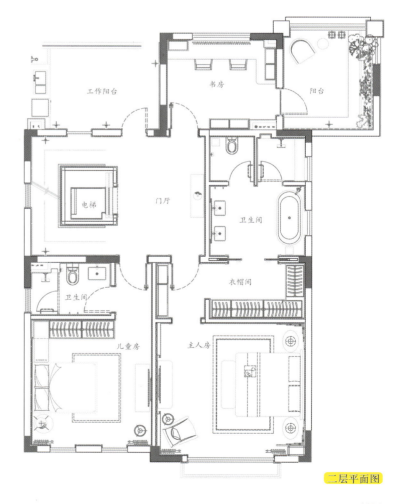

二层平面图

主卧气氛 | 一起领略法式这种介于慵懒与性感之间的悠然自得。从某种意义上来说，法式优雅属于高尚的格调和内敛的情怀，而这植根于法国人骨子里的罗曼蒂克，任何表象的花哨与浮华都无从表达。

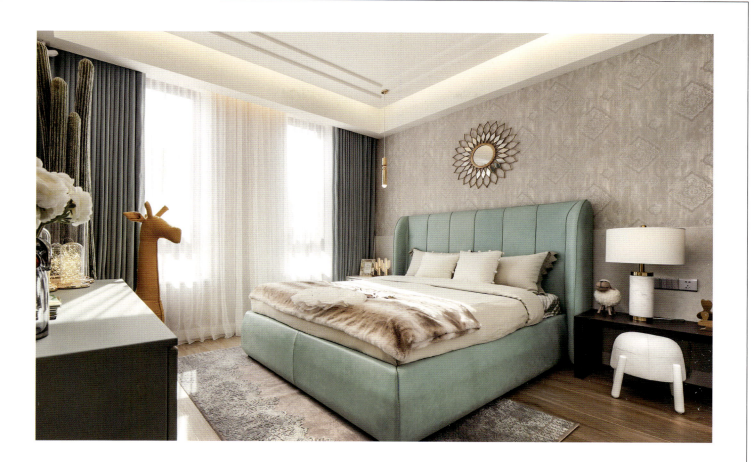

美好的生活应该有一颗轻松自在的心,不管外在世界如何变化,自己都有一片快乐轻松的天地。我们跋山涉水穿越红尘,抵达的不是远方,而是内心最初出发的地方。饱经的风霜、历练的人事,都是生命里温柔的灌溉。愿大雨浇不灭你的热情,愿这世界温柔待你。

设计师展望 | Design Outlook

05 / Fifthly

温馨可爱的女儿房,不一定要粉扑扑

上辈子的小情人,是家里的小公主。儿童房以一组柔和、可爱的卡通座椅和巨型仙人掌,打造出一个充满幸福感的浪漫梦境。置身其中,一股法式的甜蜜气息扑面而来,不禁让人心生愉悦。

不限制于常规小女孩卧室的布置,精美的摆件,是品味,也是温暖,更是对小公主的长情陪伴。整体上以蓝色为主,搭配米白色被套、金属花纹装饰镜、白色大理石台灯等等都展现出比较温馨又不失内涵的居住氛围。

三层平面图

06 / Sixthly
二层的小书房也是亲子互动空间

书房是个多功能空间，能满足家庭更多的生活需要。书房的陈设设计更多考虑了"陪伴"的概念，用一个工作台营造两个区间，一边孩子在涂鸦，一边妈妈在看书，感受自然的美好，享受时光的曼妙。

虽然样板间的主要功能是消费引导，但它与真实家居体验的关联度十分紧密。在设计中，设计师更注重法式精神内核在空间中的还原，以及在消费者短暂的停留体验中，模拟出真实生活中环境气场对人之内在气质的感染与影响。

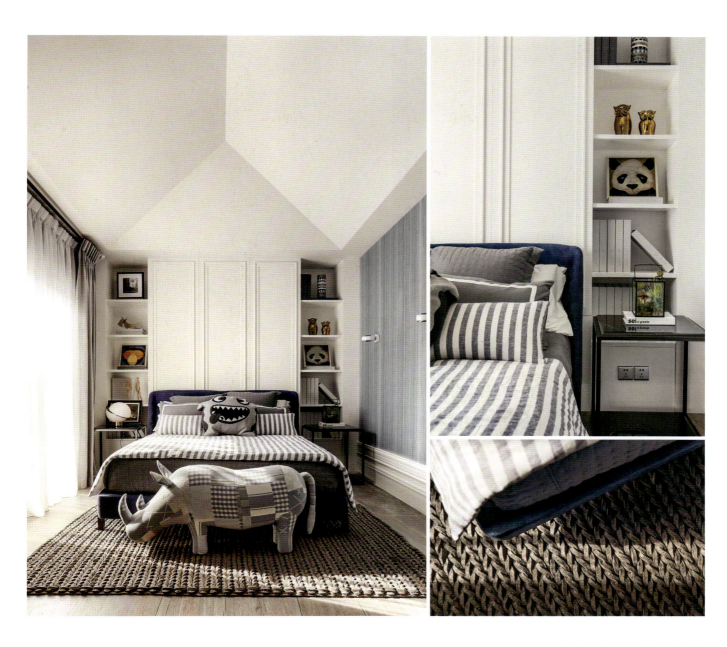

07 / Seventhly

爱的阁楼男孩房，愿你出走半生，归来仍是少年

卧室是一天中身心最放松的地方。男孩房的灯光设计上，不仅追求功能与形式的完美统一，更强调个性独特、简洁明快的设计风格。男孩房墙面采用了浅灰蓝的墙纸，沉静安宁，让现代的浮躁都消失在浅灰蓝的加持之中，白色的顶简单干脆，毫不拖泥带水。

在设计审美上追求时尚而不浮躁，沉静而不乏轻松活泼的感觉。运用丰富的表现手法，使卧室看似简单，实则韵味无穷。以白色为顶面的主色调，使阁楼空间显得明亮而宽敞，两面天窗设计，形成极好的采光。趣味十足的拼接地毯、现代的黑白拼接的靠垫、温暖舒适的蓝紫沙发，都使这个阁楼空间显得活力四射。利用斜角设计成嵌入式书橱，最大限度地利用空间。在小桌上点缀一点物件，让细节层次更为丰富，形成悠闲的氛围。在这个阁楼里的梦想太多，打开一扇门，推开一扇窗，那些金色的梦境便扑面而来。

犀牛凳、卡通灰色抱枕和动物形状的装饰增加了活泼温暖的元素，整体氛围的营造让人仿佛看到了岁月里阳光而略带稚气的少年。黄褐色编织大肌理地毯为我们营造出一份触及心底的恬适与惬意，搭配蓝调的床品令整个空间极为吸引视线。

他23岁开启创业之路，凭借对设计的热爱与坚持一路成长，在历经波折后收获巨大成功！

He Started His Business at the Age of 23. With His Passion and Persistence for Design, He Has Been Enormously Successful after the Twists and Turns.

2018法国双面神"GPDP AWARD"国际设计大奖"家居空间计"金奖

2017中国国际建筑装饰及艺术博览会华鼎奖"住宅公寓空间类"金奖

2016 IDS最佳新锐设计师

2015艾特国际空间设计最佳别墅奖

国际室内设计协会会员

日本室内装饰设计行业交流学者

扫码查看电子版

设计师档案 · 设计师访谈 · 项目与故事

张肖 / Xiao Zhang
双宝设计机构创始人 ｜ 设计总监

设计师档案

张肖作为青年设计师的代表，在许多同龄人对未来迷茫无助的时候，23岁的他便早早的开始了创业，凭借着心中燃起的希望和对设计的热爱，一手创立了双宝。他为设计而生，"不走寻常路"是对他最好的诠释，他坚守设计的初衷，不轻言放弃，在一波又一波的挫折中反而越战越勇。

身为公司创始人，张肖始终坚持纯设计，不随市场的变动轻易改变自己的原则和立场。身兼公司管理人和设计总监职务，在他的带领下，双宝不断实现自我突破，已经成为享誉全国的设计机构。

视界对话张肖

波折使人成长，他是这样证明自己的

您是在2013年创立的双宝设计，那时候您才23岁，是什么让您有了创业的想法？

张肖：在装饰公司做了一年的免费助理，一年的设计师（所谓的设计师其实就是项目介绍员），而我内心一直想做有情感的设计。因缘巧合2013年年初赴台去探望亲戚，在台湾当地我看到了设计的希望，20年的设计公司大把大把，30年的家具店不足为奇，全新的设计理念、各种新奇的工艺，让我决定回大陆创办一家设计公司，做自己想做的事。2013年在一个居民楼里，（台湾）双宝设计机构就这样成立了。

在创业之前有没有做一些特别准备？

张肖：更多的是心理上的准备，在创业之前思想斗争做了很多，最终还是决定义无反顾的创业。

创立初期一定有遇到过一些困难吧？当时是靠什么一步一步走出困境的？

张肖：本以为会朝着最初的预想发展，然而半年没有客户咨询，没有一个成交订单，被迫无奈只能在年底开始走传统模式（守小区），23岁的我带着3个人开始扫楼拉客户打电话，设计费基本无人可接受，只能做施工免设计费勉强支撑。与此同时我还接下了建筑设计、土建工程、现场勘测等工作，由于一个土建工程，上家的款下不来，工人闹事，矛头统统指向我，导致了一场巨额赔款及法律起诉，我尽自己最大的能力借钱将工人师傅工资垫付后才解决了此事，对于初入社会不久的我来说，这是一次沉重的打击。

而这波稍平另一波又起，2014年底办公点被房东强制收回，要求3天内尽快搬离，就这样再次回到了原点，没有资金、没有团队、没有办公点，更谈不上管理，已经到了绝境。2015年，我负债累累地搬到了市中心写字楼，在加强管理学习后，公司架构逐渐完善，才慢慢开始朝正轨发展，那年的些许作品也获得了部分室内设计方面的小奖项，但是整个情况依旧不容乐观，年底依旧处于亏损状况。

2016年初，因为运营管理者朱总的加入才让我有了更多的时间专注于设计本身，公司设计和管理也在逐步成型，设计优势开始展露头角，且迎来了公司第一次转型，彻底成为了纯设计公司，逐步脱离施工，只做设计。

在最困难的时候有没有想过要放弃设计？放弃创业？

张肖：没有想过放弃，因为想做有情怀的设计，不会因为这些挫折就轻易放弃我的初衷。

历经波折后人都会成长，波折带给您最大的收获是什么？

张肖：开始反思什么是企业？什么是管理？什么是公司核心？意识到传统模式并不是我创办公司的初衷，一个好的设计师并不能同时兼并一个好的管理者，于是自己在加强学习管理、架构公司的同时，更多地研发设计，并在公司宣传、推广方面同步发力。

▶ 提要 / Profile

- 创业：看到设计的新希望
- 波折：巨额赔款→办公点被强制收回→步入正轨，但依旧亏损→公司转型
- 收获：设计能力提升的同时加强公司管理
- 公司核心竞争力：设计能力＋运营成本＋服务体系
- 规划：突破下一个瓶颈

1 重庆天地

双宝一直坚持只做纯设计，其实与重庆市场对纯设计的接受度是相违背的，当初是什么让您坚持定位只做纯设计呢？

张肖：因为我们经历过施工加设计到现在的只做纯设计，过后发现有很多利益鸿沟以及一些利益链之间的关系。如果我们顺应了市场，大可以去已经上市的设计类集团公司就业，何必自己出来创业呢？这有悖于我创业的初衷，而在创业不断成长的过程中，我们的创新思维及体验感能达到最高、服务价值最大化，这是很有意义的。

现在有很多公司会出现"免费设计"的现象，对此您怎么看

张肖：放眼欧美市场，设计费换算成人民币的价格为1500元/㎡起步到15000元/㎡不等，而在中国，不到100个设计机构或者设计师能收取到与欧美市场同等价位的设计费。

同样的概念，欧美那边的最低设计费1500元/㎡，国内最低设计费甚至打出了免费，设计免费了、服务也免费了，但它真的免费吗？拆除、住宿、差旅如果全部免费的话，那我相信这一定是慈善事业，如若真的这样，这未免不是一个好的方向，但是这现实吗？我相信公司都是以盈利为目的的，如果都做慈善了还怎么盈利？钱从哪来？从材料商还是从设计和施工？而作为纯设计的设计公司只能提高设计收费才有生存的可能。

最近人力资源和社会保障部调整了利率问题，最低门槛值和最高门槛值的一些条款非常敏感，明年若是达不到设计师人均40万的标准，在未公布利率问题以前，包括到下面的一些制图人员或是公司其他人员，设计费收到多少才能养活一个公司的人员呢？一开始我们从50元/㎡的设计费都没人能接受，一直到现在500元/㎡的设计费一样有人能接受，这说明消费观念在升级，人们也愿意花钱解决问题，这能很大地提高办事效率。

像您公司形成的"设计+服务"的核心模式现在已经被很多同行采用，一家公司的正常运作，其核心竞争力应该是不可忽视的，您认为双宝能取得现在的成绩，它主要的核心竞争力是什么？

张肖：双宝的优势主要在于设计能力的提升和运营成本、服务体系的完善。

近两年双宝的飞速发展大家看在眼里，项目排期也已经排到了明年，双宝能有今天这样的成就，肯定离不开您的用心经营，可以跟我们分享一下您对于双宝的品牌运营经验吗？

张肖：其实我们会有另外专门的品牌负责人，我的工作主要还是设计，同时也会参与公司各方面管理。就我个人的观点来看，一个好的设计师是不能同时成为一个好的品牌管理者的，一定要清楚各自的定位，每个人各司其职才能促进公司更好的发展。

成为一个年轻且优秀的设计师，应该具备哪些品质？

张肖：一个人的品德修养是最重要的，做事体现在看人品，做人体现在处理事情的态度，做人做事决定了你的个人价值所在。

关于双宝设计未来的发展，还有哪些展望？

张肖：目前正在准备冲刺下个阶段的瓶颈，双宝每半年都会遇到不一样的瓶颈，我们要针对这些瓶颈去解决问题。作为公司创始人之一，我想说的只有一点，我每天在处理不同的事情，处理创业路上遇到的各种问题，休息的时候脑子依然在高速运转，这种状态的持续意味着你才是一个好的设计师，才是一个合格的公司管理者。

代表作品

1 重庆天地
2 汇祥林里
3 约克郡汀兰

项目与故事

法式住宅下的浪漫与温馨
The Romance and Comfort of Being under the French Residence

项目名称 / 依山郡
设计公司 / 双宝设计
硬装设计师 / 张肖
软装设计师 / 周书砚
项目地点 / 湖北武汉
项目面积 / 170 m²

01 / Firstly
真正从客户角度出发，选择实用且性价比高的材料

　　本案全屋地面都是砖、客厅、餐厅地面是铺陈的人字拼砖。设计师当时选择地板时，考虑到环保性，可用的实木地板选择面窄且价格偏高，所以果断放弃。而对复合地板环保性有所担忧，因此决定选用仿木纹的砖来代替木地板，一方面是砖的导热性好，同样的温度，地砖比木地板暖和，另一方面砖的费用更低，性价比很高，为客户节省了一部分预算。

02 / Secondly

硬装牢固基础，软装塑造灵魂

厨房空间采光十足，本案硬装最大的重头戏是把常规厨房顶上，用来预埋烟道线管的区域全部做在了吊柜以上的墙面区域，既保留了层高，又未占任何储物空间。色彩上，保留了墙面的白色，反常规的将顶面做漆，增加了空间的精致感及耐脏性。

1.5m 的过道空间，原本可以充分利用进行储物等设计，但最后都放弃了，原因很简单，每个家庭的需求不一样，对空间的要求也不一样。对于储物已经在其他空间得到了满足，设计师在此设计了一个画展兼摄影展的展示区域，保留了过道空间宽度的同时，也加入了一些后现代与 20 世纪欧洲老画框的碰撞，让空间有了它独有的故事性。

▲ 1.5m 的过道空间——画展兼摄影展展示区

改造前平面图

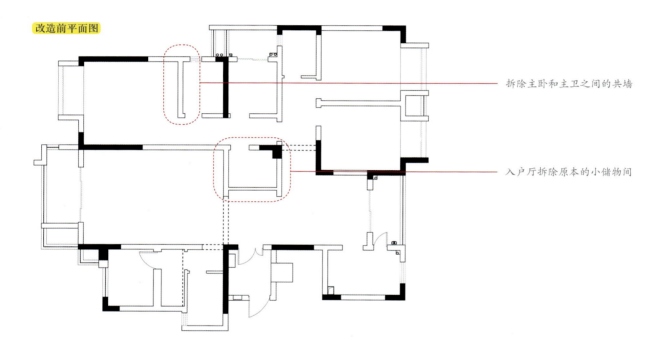

拆除主卧和主卫之间的共墙

入户厅拆除原本的小储物间

改造后平面图

设计 Tips

原户型缺陷：①过道过于狭长。
②餐厅区域太小。

改造方法：①入户厅拆除原本的小储物间，让客厅、餐厅开间变大，双面采光通透。

②主卫和主卧之间的共墙，选择拆除重建，一方面是为了满足主卫的功能实用性，另一方面是为主卧增加了一个补充能量的 mini 吧。

▶ 窗帘的地面处，设计师用了不常规的潜入式灯光来对窗帘进行反射和透亮，以此来柔滑空间的硬朗性。

03 / Thirdly
细节体现纯正法式风味

客厅和餐厅蓝色沙发和座椅在白色空间下显得高贵优雅，在黑白吊灯下，搭配墙壁精致的雕花，法式浪漫风情尽显无遗。

卧室空间中最重要的采光和通风的窗户，设计师也做了柔性处理，将其设计成半弧形，贵妃沙发加灯光设计，还原法式住宅感。房间的高度和石膏线的处理也是法式住宅的关键之处，超高的儿童房，完成面层高3.1m，30cm的石膏线，法式味儿十足。

▲ 墙面蓝白撞色，与卧室形成统一色调，彰显法式高贵感。

▼ 超高的门，更显空间高度

项目与故事
一位时尚奶奶的艺术之家
An Art-house of A "Young" Elderly Lady

项目名称 / 复地上城
设计公司 / 双宝设计
硬装设计师 / 张肖
软装设计师 / 周书砚
项目地点 / 重庆
项目面积 / 180 m²

01 / Firstly
现代与复古交融下的情怀魅力

本案的业主是一位已有两个孙子的奶奶,她热爱摄影,喜欢游历世界,收集各种手工艺品,设计师将现代与复古融合,混搭下一点也不显突兀。

入户鞋柜、客厅墙壁处都是业主的足迹,"收藏一些符合我审美口味的玩具,就像把自己的精神外化延伸了一点;能经常用眼睛看看,就好像身处在自己的理想世界",这句歌词是对业主最好的诠释。

会客区的储物柜上各式各样的物件也成为了屋内一道亮丽的风景,西班牙的香薰、俄罗斯套娃、南非水晶器皿、越南陶瓷首饰盒、尼泊尔手工图……不同地域,不同风格的物件混搭在一起,异国风情魅力和业主的情怀在这里一览无余。

改造前一层平面图

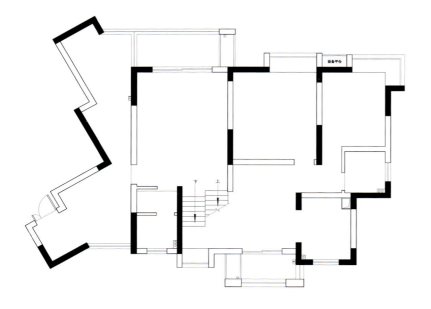

设计 Tips

原户型缺陷：①一楼入户进客厅区域不方正同时不通透，视线感不佳，行进路线不理想。
②二楼会客面积过小，无法使用，阳台无实际用处。

改造方法：①将一楼过道右侧墙体拆除，利用过道和卫生间的共同墙体，做了45度斜角，还满足了一个储物柜的空间。

②将二楼会客厅和阳台之间的玻璃滑门更换成V型滑门，增加了会客区的使用面积。

改造后一层平面图

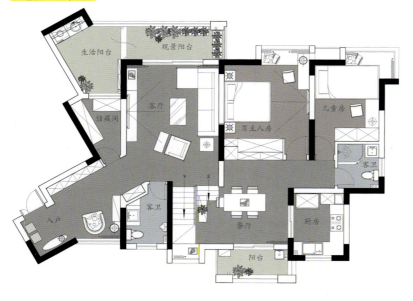

▲ 厨房吊柜下方的挂钩简约实用

▼ 餐桌餐椅出自 BoConcept 北欧风情

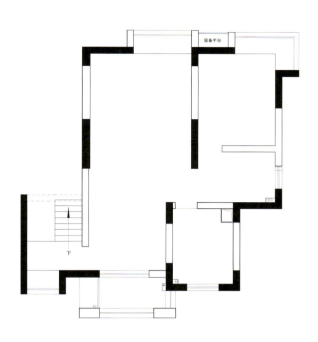
改造前二层平面图

改造后二层平面图

02 / Secondly
有心的设计体现在空间各处

在满足视觉美观的基础上，为业主打造一个既实用又满足精神需求的居住空间是设计师的初衷所在，大到空间的风格定位，小到空间下家具的实用性等，都是作为一个设计师需要考虑的因素。本案设计师除了对原有户型的缺陷进行改造，在此基础上还对住宅内各个空间赋予灵魂，空间细节也完美呈现。

本案餐厅旁的灰色餐边柜，设计师将墙体拆除，利用墙体空间做了整面储物柜，最大的亮点在于柜子的左侧可以拉出来作为一个吧台使用。

厨房常常是一个不好清洁的地方，灰色的柜门实用、耐脏又时尚。

主卧室采用奶油朗姆酒棕的配色，黄中带红，温暖而明媚，配上业主在俄罗斯的一组照片，恰如其分地营造出一种温馨与惬意的感觉。

主卫厕所干湿分区，干区采用了欧洲的文化方式，上墙为乳胶漆，下墙和淋浴间保留了现代人的使用习惯，贴了面包小砖，让本身单一的卫生间，中西融合，现代中透着一股复古风。

189

他直面角色转换的挑战，因为心中的设计归宿正在越走越远

He Faces the Challenge of Role Transformation as the Destination of Design in His Heart Is Going Further and Further

40 UNDER 40 中国（浙江）设计杰出青年

2014 "全外滩"最佳概念入围奖

中国（温州）陈设艺术专业委员会成员

CIID 中国建筑学会室内设计协会（温州）分会理事

设计师档案 · 设计师访谈 · 项目与故事

扫码查看电子版

姜万静 / Wanjing Jiang

境象设计　创始人 ｜ 设计总监

设计师档案

姜万静从业室内设计13年，如今身为境象创始人兼设计总监，他身体力行，在迎接角色转换这一挑战的同时始终如一地探索设计的新思路。

创办境象设计，"内境外象"，他希望探索内外之间，通过建筑的思维去梳理空间之间的关系，在多空间场景的切换中，不断地发现和实践，赋予空间多重意义。在满足物质条件的同时，他希望通过自己的设计，带给人们精神层次的满足，从而打破传统的生活方式和根深蒂固的思维，为这个城市未来的新面貌贡献自己的一份力。

感性伴随理性，用心做设计

视界对话姜万静

在创立境象设计之前您是千盛国际装饰的设计总监，感觉已经非常厉害了，后来怎么决定要自己创业的？

姜万静：因为理念跟原先的公司不合，很多资源也没有互补性。

"境象"听起来是一个比较抽象的词，把公司取名"境象"，有没有一些想要传达的设计理念？

姜万静：今年境象有了新的定义——内境外象，希望境象呈现的空间气质能通过表象看到一种内心的意境。"境象"的英文引意为mirror，很多人也会写成"镜像"，原先我们也确实由镜像同音而来。镜像，我们都说镜中成像都是很美的，同样在设计手法当中，镜像又是一种对称手法，更高级的对称是隐藏在背后的一种随性，从而引申为"境象"。

从设计总监转换为创业公司主理人，对您来说是挑战吗？角色的转变有没有给您带来一些成长或者收获？

姜万静：这个挑战远比想象要大得多，甚至到现在，我自己也还没有完全的掌控好这个角色，也一直在不断地尝试跟摸索如何去做好设计的同时带领好团队。成长嘛，自然是让你去面对更大的挑战，接触更多的视角。

在今年您的公司又跟您之前在职的千盛国际装饰合并了，非常有缘分，是出于什么考虑决定合并呢？

姜万静：今年选择与千盛合并，也是基于对于项目落地要更加有保证，同时也是给予我们客户更大的安全感。

合并后的新公司经营范围有没有进一步扩大？您现在主要负责公司哪些方面？

姜万静：经营范围我们已经慢慢到全案这个体系了，由之前的纯设计到现在的设计带施工，业务领域还是主要在住宅方面，不同的是客户层次变得更高端了。我个人现在是负责设计和设计部管理，工程一块也有专门的人负责。

都知道设计师的工作量是非常大的，而您从设计到管理，再到二者兼顾，自然更忙碌，加班应该是常有的事吧？如何合理把控工作与生活之间的节奏？

姜万静：从设计到管理两者兼顾当然会比想象中要忙碌很多，所以几乎从早到晚我都会在公司。其实设计和管理应该分开才对，才能使各方面工作更加全面。自己在管理这块也还存在很多欠缺的地方，但庆幸的是公司团队之间都能做到相互理解。至于生活与工作之间倒也没有多冲突，因为我的生活比较单一，没有其他的兴趣爱好，基本上都是家里和公司两点一线，也因为家里人对我事业的支持和理解，所以自己才能在工作方面花更多心思和时间。

▶ **提要 / Profile**

- 境象：内境外象
- 挑战：角色的转换
- 合并：为了更好得呈现全案体系
- 舒缓压力：自我调节
- 感性与理性：找到平衡点
- 期许：传递设计正能量

→ 1

精神上有没有压力特别大的时候？平常是如何放松舒缓压力的？

姜万静：肯定会有的，看你自己怎么调节，可以放下身心做做别的事情，比如出去旅游。每个人的调节方式不一样，主要是要有自我调节的意识，这很重要。公司小伙伴经常会对我说"静哥，你好像每天都精神饱满的样子"，其实压力很多时候都是需要自己去克服、调节的。

跟您接触从言语之间能感受到您是一位比较感性的人，这种情感会不会带到您的作品中？

姜万静：我确实是个比较感性的人，其实理性的人跟感性的人做设计都会有些不一样。就我个人而言，我自认为是感性中带有一点理性的，因为在作品的呈现中我还是会理性地去控制它的一些夸张程度和一些比较跳跃性的思维，毕竟这涉及到一个项目能否完整落地。而情感对于感性的人很重要，会希望在作品中自己的情感能够得到体现，但是情感在商业设计过程中不好去定义它是一个什么角色，有时候情怀过浓呈现效果反而很差，这是我感触很强烈的，应该要找到这之间的一个平衡点。

还记不记得自己设计的第一个作品？是什么时候？现在再看是什么感受？

姜万静：第一个设计落地作品是2012年温州一套欧式风格的家装案例，现在回头看有很多不成熟的地方，比如很多比例、造型都没有到位，没有实际空间体验感受，更多的是对其他图片的一种临摹。

是什么信念让您一直坚持做设计？中途有没有想过转行？

姜万静：那还是因为心中有一个设计的归宿吧！因为自己对住宅空间的感触比较深，而现在的住宅空间和自己理想中的住宅空间还是有一定差距的。转行倒是没有想过，感觉除了设计对其他方面的工作都有无从下手的感觉。但是在2015年之前对设计有点麻木，工作上没有太大的成就感，一直在做一些职业化的设计，之后有点名声过后，作品也得到大家推崇，才慢慢找回设计的感觉。

您从业十年，十年，是一个非常有代表性的数字，一个阶段也是一次总结，可以跟我们聊聊这十年间中国室内设计领域发生的一些主要变化吗？

姜万静：准确来说不止10年了，2005年入行到现在有13年了。这十几年来设计领域变化确实很大，信息更新太快了，直接拉近了国内外设计、一二线城市设计与三四线城市设计的距离，整个设计意识都变得非常超前。但是有一点，根基不稳但眼界特别高的时候，项目的落地效果就会很差，所以现在对室内设计来说，我们应该顾及各方面因素，真正给到客户一个完整、可行性的设计方案。

最后，对于未来您有没有一些特别的期待？

姜万静：希望在自己的坚持下，能给这个城市带来更多对生活美学的追求，也希望我们的团队越来越好，能代表三四线城市的设计力量走向全国，传递三四线城市设计的正面能量。

代表作品

1 逐光而居
2 天瑞臻品

→ 2

项目与故事

780m² 唯美别墅，精致生活空间下的诗酒年华

A 780 m² Size Beautiful Villa, to Ride A Dream and Enjoy Your Fruitful Youth in the Exquisite Living Space

项目名称 / 瑞安外滩印象
设计公司 / 境象设计师事务所
设计师 / 姜万静
项目地点 / 浙江温州
项目面积 / 780 m²
主要材料 / 大理石、木饰面灰白色混油、单色艺术涂料、金属、玻璃等
摄影师 / 阿龙

01 / Firstly
现代生活的空间美学追求

"一个人只有今生今世是不够的，他还应当有诗意的世界"，而讲究情趣，大概就是为了让我们把最平淡的日子，过出美感来。

本案的业主是一对崇尚美学的夫妻，他们对色彩、潮流有着自己最敏锐的感知，同时他们也代表了当下社会精英阶层对生活品质的要求，希望目光所及，全是精致、优雅与满满的格调，想要一个反映生活方式且满足精神需求的居住空间，这不禁与设计师的设计初衷不谋而合。

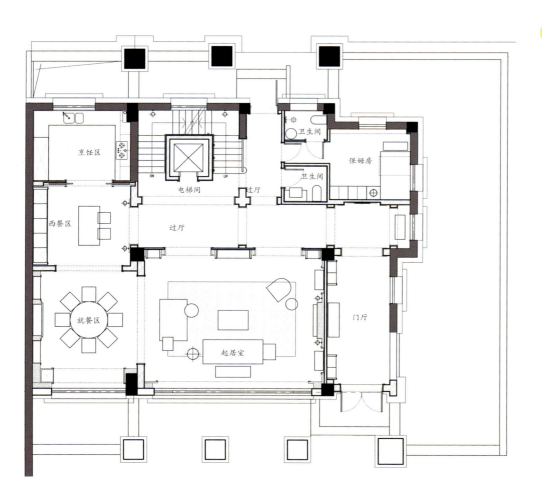

一层平面图

金属线条元素，视觉随之延伸，在现代家装的装饰中，金属的点缀形成一种反差的对比，特别是边缘的修饰，显得简约而不失贵气。

02 / Secondly

天然用材，回归最舒适的简单

大理石以其天然的纹理，被广泛用于室内设计方面，本案便很好地展示了这一点。一层生活空间主要为白色大理石，样式不一的纹理图案，亮丽清新，把各个空间衬托得优雅大方。地下一层空间，白色纹路在黑色大理石面上细腻流淌，呈现满满质感。

卧室、书房等空间地面则为人字形木板铺陈，天然木质地板给人回归自然、返璞归真的感觉，给居住空间更添一份温馨与舒适。总有那么一处地方，让你放下平日繁忙的生活，回归内心的宁静和闲适。

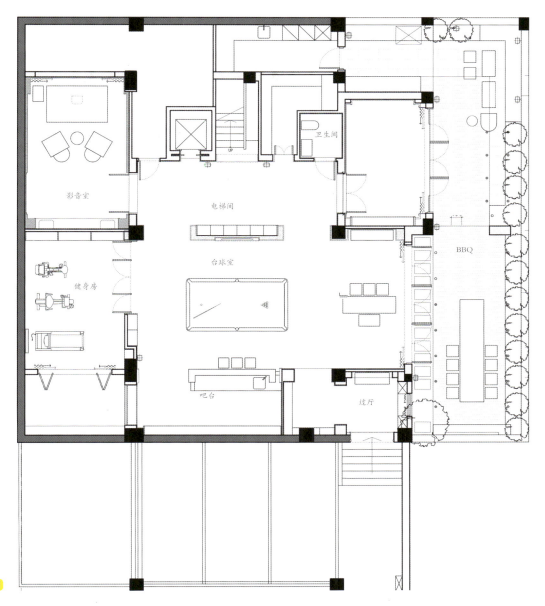

负一层平面图

▼ 大理石地面在黑色吧台和酒柜的映衬下，更显高贵优雅

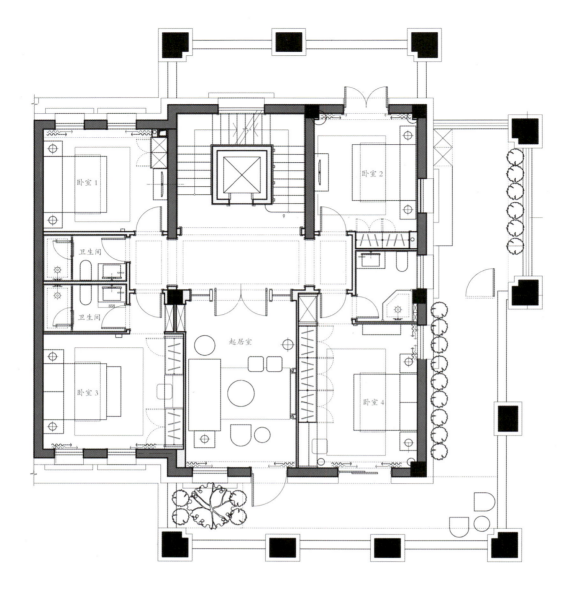

◀ 二层平面图
显现出高级感。

◀ 金属元素在白色空间下
显现出高级感。

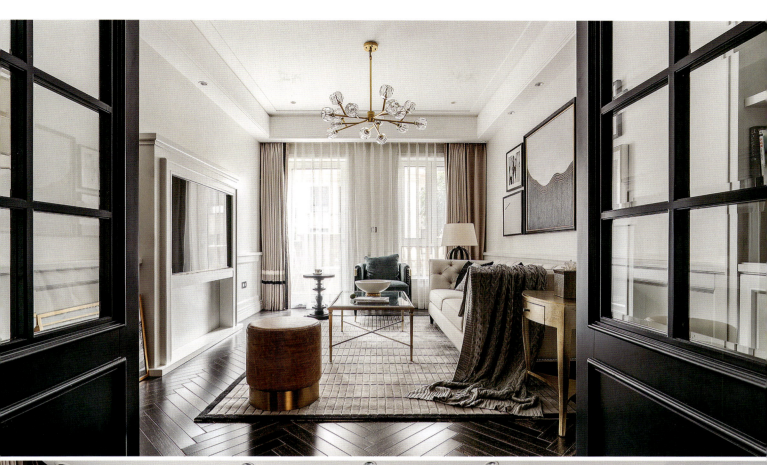

◀ 男女主人主卧的蓝色沙发打破整个素雅静谧空间,引人注目

03 / Thirdly

精致空间下不乏色彩的装点

一层起居室灰粉沙发组合和相同色调的地毯搭配金属质感茶几，在圆形水晶吊灯下尽显现代奢华的高级感，整个一层空间通透相连，岛台的蓝色座椅也在白色空间下展现其优雅的姿态。

男孩房和女孩房以其各自不同的魅力呈现眼前，男孩房以黑、蓝为主，展现着沉稳的格调；女孩房则以白、粉为主，一片甜美温馨，不禁唤醒深藏心中的公主梦。

R 241	R 234	R 49	R 62
G 214	G 236	G 93	G 66
B 221	B 234	B 130	B 69

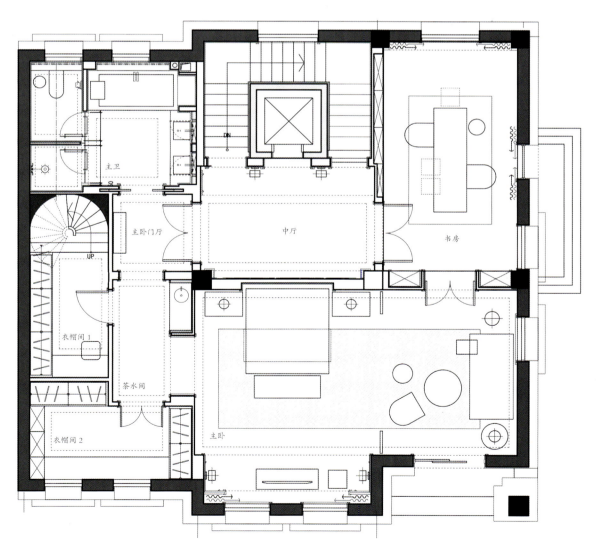

三层平面图

▶ 金属包边的地板，呈现空间精致感。

04 / Fourthly
在自然中享受生活点滴

后花园的小憩时间，是繁忙都市生活下人人向往的放松时刻。干净的泳池、木质的廊道、舒适的座椅，在阳光的照射下尽显其与自然共生的魅力。被绿植环绕的地下接待处，温暖的木质地板、黑铁质感的吊灯，鲜活雅致的韵味流淌于空气中。

一位主张情商生活美学的设计师，和她的"治愈系"设计团队

A Designer Who Advocates the Aesthetics of Emotional Life, and Her "Healing" Group Members

设计师档案・设计师访谈・项目与故事

| 2017~2018 中国建筑装饰行业十大最具原创设计师 |
| 中国建筑装饰协会会员 |
| ICDA 认证高级室内设计师、高级陈设艺术设计师 |
| 情商生活美学理念的倡导者 |
| 深圳室内设计年度经营室内设计师 |
| IDCF "设计 100" 粤港澳大湾区 十佳设计师 |

扫码查看电子版

于扬 / Yang Yu
ULD 情商生活美学设计管理机构　创始人｜艺术总监

设计师档案

　　于扬将设计的沟通力作为 ULD 的立身之本，坚持回归设计本质，不走为设计而设计的路线，而是从内心的情感需求出发，透过设计师理性的思辨与取舍，引导人们在生活中找寻归属和认同，创造出让居者即时体验的理想生活场所。

　　她在 2013 年创立深圳市悠生活家居设计，简称 ULD，是 UNIQUE LIVING DESIGN 的缩拼，意为独特的生活方式设计。首次提出"情商生活美学"理念，以情商生活美学作为设计的理论深度研究，构建出 ULD 独有的生活方式设计体系。设计作品多次获得亚太、中国室内设计行业的设计专项大奖，主创作品收录刊登于多期家居设计行业杂志。

视界对话于扬

以高情商带领团队创造完美空间，成就更美好的人生

您是跨界设计师，之前从事哪个行业呢？是什么原因让您决定跨界到室内设计这个行业的？

于扬：我在从事室内设计之前在品牌传播行业做过8年，在深圳从2000年到2008年这个时间段，主要针对的是地产领域的营销传播，也无形中相当于伴随着地产行业蓬勃发展的黄金阶段成长与积累了地产行业的相关经验。后来机缘加入LSDCASA公司软装设计服务最开始的初创团队，也开始了自己的跨界尝试。

之前的工作经验会给您提供不一样的设计视角吗？如果有的话，主要体现在哪些方面呢？

于扬：我非常感谢之前营销传播的从业经历，广告人其实算是一个"杂家"，从市场、定位、文化、艺术、人群洞察、心理学等全方位拓宽了我的知识结构。最重要的是以营销的视角更容易判断客户的需求，因此我会明白，提供的设计服务不仅仅是设计搭配层面上的，而是搭建空间与使用者之间关系和沟通的桥梁。所以，从进入这个行业之初，非室内设计专业的出道背景会促使我做出不一样的设计作品。

可以跟我们谈谈您刚入行时对室内设计师这个职业的理解吗？现在对职业的理解有没有一些改变？这些改变主要是哪些方面的？

于扬：2019年是我入行第十二个年头。坦白讲，刚入行时我是以一种挑战的心态看待那个时期行业做软装设计的问题，也是因为自己具有一定的解决问题的能力，确实有一些突破性的思维，比如那个时期我们是最早单纯地针对软装设计实现大胆求证、开放的一批设计人之一。

经历过这么多年的专业学习与沉淀，我仍不断要求我的团队保持每个项目都有原创设计的部分，这是从一开始入行到现在都不曾改变的。因为在室内设计行业为抄袭和山寨从来都是不成文的风气，而我非常介意设计意义在商业目的里迷失。

谈到改变那就是全案设计，以软装设计前置与硬装设计形成整体思路，并实现效果图的所见即所得。这个背后实际上是要挑战行业里几十年内已经成形的硬软装主次与设计管理融合的问题，我们要进行对软装设计的片面理解到室内设计整体性的认知提升，再到牵起空间全案设计，我想这是我最大的改变吧。

创立自己的公司ULD情商生活美学设计管理机构是您一直以来的期盼和计划吗？

于扬：2013年我创立了ULD并提出情商生活美学的设计理念，我曾助力的公司现在也已经成为行业一流的设计公司，在那个过程中我看到了自己的成长，也会问自己，你希望在这个行业表达什么、你做这个行业的意义是什么？在这种自我问答的过程后，梳理出自己对设计的看法，于是提出了这个"情商生活美学"的理念。

▶ 提要 / Profile

- 从品牌传播到LSDCASA公司软装设计的初创团队
- 在经验中提纯"情商生活美学"理念
- 带着有"治愈力"的团队，创造治愈系设计
- 以多元化设计经验磨砺出更丰富的原创设计

→ 深圳纯水岸项目

创业初期有没有遇到一些自己意料之外的难题和困扰？最终是如何顺利解决的？举例跟我们聊聊吧。

于扬：无论是什么行业，有本书叫《创业维艰》相信很多创业老板都看了会热泪盈眶。最开始的难点就是业务的拓展，有再好的设计团队和设计能力如果没有业务量，那么对于一个初创公司而言都是"巧妇难为无米之炊"。

最开始的业务是最难打开局面的。我非常庆幸当时通过公开投标抓住机会拿下了深圳机场地产的码头会所项目，通过那个项目成功地让客户看到ULD团队的设计积累与实力，码头会所到目前为止都是我们官网上经典案例作品之一。

您提出的"情商生活美学"这个设计理念，具体包括哪些含义呢？可以跟我们详细阐述一下吗？

于扬：情商生活美学实际上是在讲设计的沟通力。"情商"这个词不是指设计师有多聪明，而是说设计本身是有沟通能力的。你的设计不是因为要做设计而存在，而是因为它有意义而存在。家具也好，居品也好，它们是因为放在这个空间里面，跟人产生关联而有意义的。

我特别认同蒋勋老师在他的《美，看不见的竞争力》中提到的："美学是一种有关幸福的学问。美是一种无目的的快乐。你觉得自己的存在更像是一件作品，更像是一个生命状态的时候，它的目的性才能够被解除，它所有的功利性也才能被解除。"其实，我们的生活美学一样也是如此。

家居设计作为空间与人对话的手段，亦是一种彼此相伴长久的沟通，同样需要同理心、同样需要智慧。情商生活美学就是一个在我这样的思考之下发生出来的维度。

对设计师而言，领悟并总结出属于自己的核心设计理念重要吗？重要性主要体现在哪些地方？

于扬：至少我个人认为是重要的，设计不是技法和材料的堆砌，这个行业不缺少所谓这样的设计。有灵魂的设计，真正打动人的设计都是关乎价值观的，关乎设计者背后的哲学体系。一个设计师只有明晰自己的设计认知与核心理念，才有表达的可能，理念观点不一定要与众不同，但是要有，没有观点如何表达呢？这里的表达就是通过设计实现的过程。

"情商生活美学"这个理念有没有在"京郊独栋别墅"这个项目的设计中实现？具体表现在空间的哪些方面？

于扬：当然有，而且是全面性的。这个项目本身是全案设计，在毛胚状态下进行空间改造之初，我们就已经以这个理念进行理解和介入了。比如整个首层的全拆除墙面的改动，传统私宅别墅首层一般不会以这种方式来格局，非常具有挑战性。但是整体墙面拆除后取得的设计效果非常棒，一进家就给人非常强烈的豁然开朗的感受，这样的设计创造了生活各板块沟通的可能。

室内通过首层的"打开"完成了切换，符合业主的家族好客的生活方式，也创造了各功能分区之间的沟通连接和相对私密性。整个首层地面铺设的意大利幻彩灰大理石大写意的图案，也使整个设计语言达到了大气爽朗的气质，这本身也是与业主的气质契合的

洞察。

其他空间从灯光设计、各卧室的个性化定制、影音室纵深的利用、圆弧楼梯的变身等等都不一列举，我们在设计中一直在整个故事中串联小节，每一个小节要表达的内容是每个层次节奏的设置，才能达成整个空间的和而不同。

ULD一直非常重视研究客户需求，是受您"情商生活美学"的主导吗？这方面的研究会从哪些地方着手，可以跟我们详细聊聊吗？

于扬：我把这里的客户需求要分为两个层面，一个是我们直接的客户，也就是通常说的甲方。另一个是甲方的客户，或者说设计的空间使用者。不同的客户对空间想要传达的设计任务不一样，往往ULD需要给到甲方以空间受者角度倒推出来的设计视角，提供设计与解决之道。

代表作品

1 京郊独栋别墅
2 企业总部私属会所

→ 1

您致力于将团队培养成"治愈系设计师",怎么理解"治愈系设计师"？需要满足哪些条件？"治愈系设计师"跟"情商生活美学"之间有哪些联系？

于扬：我在ULD成立之初，设想过如何让团队更容易理解情商生活美学这个设计理念，从而将理念渗透到设计中。那么，最容易解读空间沟通效力的就是样板间生活方式的设计解构。

我认为构建出"情商生活美学"是一种理性能力，它从内心情感的需求出发，通过设计师的思辨与取舍，建立富有情感同理心的设计体系，使人与居所产生交流和共鸣，引导人们在生活中寻找归属与认同，从而获得终极的快乐与幸福。

从这个意义上来说，ULD确实是一支空间治愈系设计师群体，做有温度的设计，做美的制造者，还是情绪的疏导者，专注于居者内心的情感需求，打造出更多可以栖息，可以静下来享受人生的理想空间，让每一个接触到情商美学空间的人，生活更有温度，生命更有厚度。

在生活中，高情商是很重要的，但并不是每个人都能时刻表现出高情商的处事态度。当面对比较难处理的客户时，您和您的团队一般是如何沟通的？有固定的方法和流程吗？

于扬：我想ULD是比较幸运的吧，我们的客户通常都比较容易建立有效的沟通。ULD始终强调专业必须是基础，在这个基础上提供的服务才是服务。这个最本质的理解可能就是我们的情商方法吧。

在设计上如何把设计沟通力管理出来，ULD是有一些独有的工具的，在面对客户与设计，从概念到落地的过程中都有分解动作和管理流程，确保客户在过程中可以随时了解设计如何被创造定制出来。

都说熬夜加班是设计师的工作常态，您是如何看待设计师熬夜加班这个现象的？您的团队会经常加班吗？

于扬：我定位ULD是一家专注精品设计的公司，不会在产能吃紧的情况下还接更多的项目。团队一般在项目重要节点会有加班，但总比行业状态来说，相对来说加班没有那么频繁。

您会以哪些方式来给团队"充电"，如何加强团队心理素质和身体素质的管理？

于扬：我自己有必须要完成的固定的培训任务，在ULD，我们有每周三问三答的基层邮件日常培训、每季度中层分享会和总监培训任务，完成立体的内部专业学习环境，同时还设有内部设计竞赛。设计竞赛在2018年办得非常成功，当时我挑选了一个国外的项目进行内部模拟，方案比拼和讲述。通过这种交流拉开设计团队的思维范围，也点评个人优缺点，大家获益匪浅。

每年的优秀员工，年度最佳设计和竞赛的获胜者能够获得去米兰展、法国展、美国展等的名额。我们还会不定期邀请供应商做培训和每个项目后的结案总结会，基本上我们是不停地在梳理优化内部的理念认同、模版工具、专业知识面扩增等方面。

学习无止境，设计也是无止境的，您未来的设计会有新的追求吗？有没有一些规划或者期待？

于扬：自2016年起，ULD开始尝试研发原创的装置艺术、陶瓷器皿和美学视觉元素。2019年ULD开始加大力度在原创研发的部分投入，深度开展和艺术家、独立设计师、摄影师、策展人等跨界合作，让我们的设计思维更开阔，元素更丰富，同时更具有原创性。

未来，希望ULD能够针对中国传统文化的在室内装饰设计的表现形式上开拓出一些成形的做法，利于国际市场的接受，这个是我个人看了这么多年海外各种展而埋下的心愿。

→ 2

项目与故事

观心观世界，品质品生活
Use Heart to See the World and Taste the Quality Life

项目名称 / 北京某私宅设计

设计总监 / 于扬

设计团队 / 徐瑶、龙佳、刘磊

软装设计 / ULD 深圳悠生活家居设计

项目地点 / 北京

项目面积 / 500 m²

主要材料 / 胡桃木、金属、进口黑金花石材、进口面料等

摄影师 / 曹百强

01 / Firstly
以朋友的身份与居者交流，做更贴切的设计

私宅设计与商业空间最大的不同，是家的意义。它富含温度——生活的温度，是专属于居者的生活方式；也富含宽度——世界的宽度，承载着了家人幸福的小世界。面对私宅设计，退避设计师身份，通过与业主的深入沟通，在不断取舍中找到最能理解他们生活观点和打动人心的设计线索。

本案私宅位于京城，设计之初关注人与家宅的关系。从家人的起居日常，是否常宴请朋友或聚会、读什么类型的书、有没有收藏品、喜欢穿什么风格衣服、对物质的看法、对美学的接受度……一切都从生活出发，依业主的兴趣爱好，个性气质推论出更符合其美学追求的家居设计方案。

▲ 客厅的暖灰蓝沙发是进口油蜡皮，第一眼你会为它的质感所惊艳。它特有的时间感能让你迅速沉静下来，似有似无的斑驳表情，在阳光下流露出生活的随性之感。

▲ 透过纱帘，阳光被计量，带来生活暖意。

02 / Secondly

最贴切的设计会让新家不陌生

整套居所建筑的顶层，LOFT结构呈现了特有的拱顶室内形态。入户门厅由低到高，步入式的庄重，强硬的现代风，不经意间赋予居所既定的仪式感。

进入新居，仿佛遇到了一见如故的新朋友一般，一切都那么熟悉——设计师以强化主人自身喜好与习惯的设计，以一种自然方式呈现新居的样子。左起是敞开式的早餐厅、餐厅与客厅，透过纱帘，阳光被计量，带来缓和的生活暖意。右起是主卧与儿童房。基于工作需要，在二层设置了阅读室、接待室与会议室。

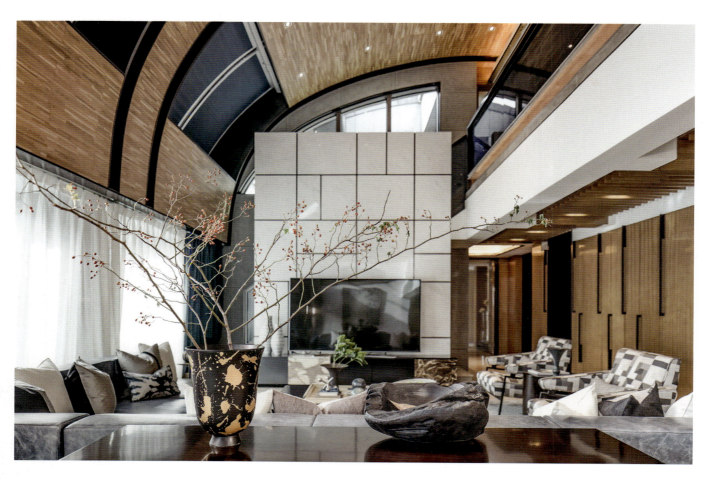

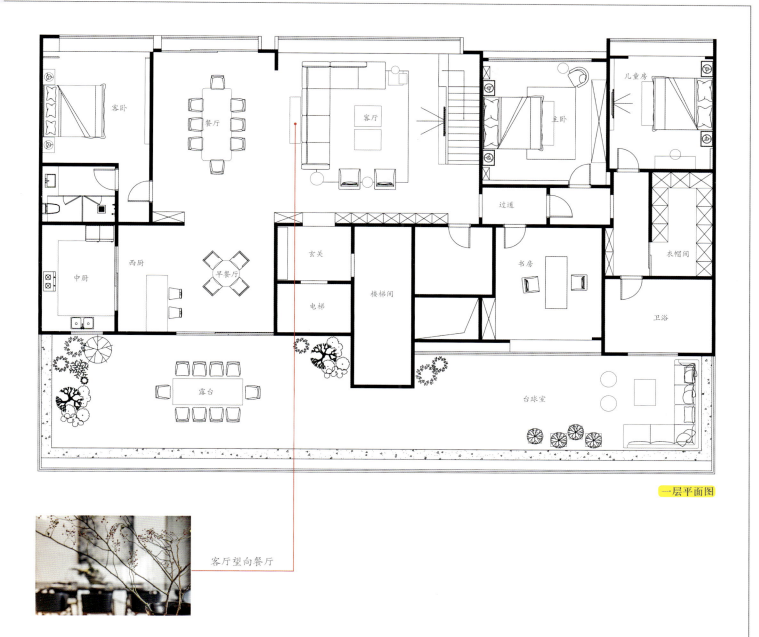

一层平面图

客厅望向餐厅

03 / Thirdly

完美细节烘托通篇设计

设计师构建了一个围合式的客厅格局，希望能带出更具亲和力的生活场景。客厅以大型的L形组合沙发布局，选用暖灰蓝油蜡皮，1.2m的进深可随性半躺，以及沉静的灰蓝元素和贴合生活温度的干花，足以把人带到最放松的状态。日常之余，男女主人可以时常举办自己喜欢的Party，让平稳、低调、优雅稳稳地充盈整个家。

▼ 空间突出的特点是拱顶天花板，以弧形黑钢巩固并强化块面的弧度，嵌入的光源仿若夜空的繁星。以拼木材质做覆盖让客厅笼罩在原木的亲和力之中，深浅不一的线性拼接纹路赋予画面流动感，让人联想到星轨穿梭的痕迹，结合整体浅蓝色的软装，让家充满了浪漫情调。

设计 Tips

提起对居家的理解，我们似乎总有着与生俱来的敏锐与执着。

从皮、木质、石材、金属的关系中以不同质感的蓝灰色搭建出层次丰富的五感体验。空间的情调被处理得舒适干净，有一种轻轻低语的安抚感。从进入家的第一时间，就从节奏上悄然放松、柔软下来。而每一件精心挑选的饰品小物件，干枝些许的点到为止，让蓝色不至于忧郁，流露出精致与生活的讲究。

◀ 主人最爱待的早餐厅

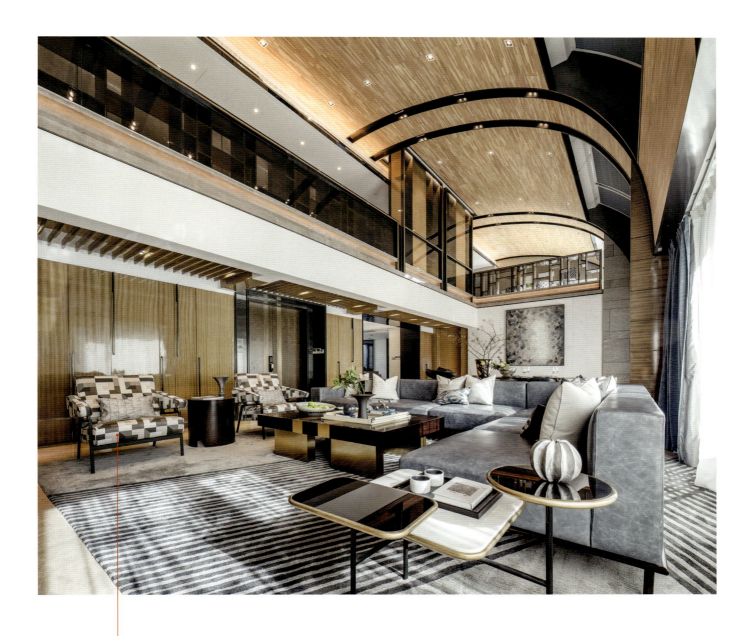

随着时间的变化，居家的温度也慢慢地在色泽、触感中表露。比利时丝质面料的单体沙发，俏皮而活脱。你会看到，蓝色元素的沙发、窗帘与地毯如出一辙，寻求的是近似中找对比，在变化中不经意呈现了生活的多重性。

餐厅挂画细节

进口油蜡皮沙发

04 / Fourthly

家里有一个可以把大家聚起来的最温馨的地方

餐厅选用深茶色玻璃餐桌，透明的桌面与沉静的蓝色餐椅搭配出现代素雅的效果。金属与实木在腿部的联结，在低调细节中讲述奢华，餐椅设计中带有中西混搭的优雅气质，软装以一幅纯粹的水波纹油画置于背景石材墙面，用色虚幻若无，却成全了整个餐厅。

男女主人重感情，圆型早餐桌迎合了近距离交流的温暖——后来，这个早餐厅成为他们最喜欢待的地方。晨起，在旁边的开放厨房做精致的早点，一起共进早餐。阳光与清风从阳台落地窗推入室内，空气中都是幸福的味道。

一层主卧、儿童房与衣帽间，延续了清雅的主色调。温暖的米灰加一点蓝，蓝色绝非单一，和谐中让我们看到更多的可能。

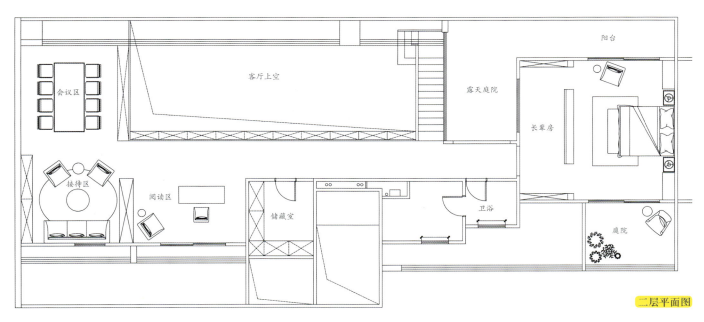

二层平面图

▶ 醒目的仿珍珠鱼皮纹沙发黑椅，白色手工车线外露的棉麻白椅，一黑一白，低调而让空间有了人与人之间的对话氛围。

▼ 二层阅读区

05 / Fifthly
以多功能定位规划静谧的二层空间

二层设定为工作交流空间，内含一个双主位卧室，平衡的色调，静谧而素雅。沿着走廊是整排的书架，尽头是阅读区、接待室与会议室。在这里，可以简单地工作交流，也可安静、优雅地享受一份休憩时光。

阅读区立着一张简约造型的书桌，由实木与皮结合为台面，结构以大理石镶嵌金属铜线条完成，即四种材质的合力。这里，是男主人独处和安静思考的空间。

专注"个性化"私宅定制，在一步步突破中实现设计师的个人价值

Focus on Personalised House and Achieve the Designer's Personal Value through Break

设计师档案 · 设计师访谈 · 项目与故事

2018 金创意奖别墅豪宅设计类金奖

2017 艾特奖住宅空间奖

2016 艾鼎奖别墅空间设计金奖

1637 艺术陈设创始人、创作总监

金创意奖特聘设计导师

法国双面神 GPDP AWARDG 国际设计大奖全球形象大使

扫码查看电子版

吴振宝 / Zhenbao Wu

安生设计　创始人 | 设计总监

设计师档案

吴振宝，一个年轻但极具资历的设计师。他希望通过个性化量身定制，空间设计不仅要满足客户的生活需求，更要满足客户的精神需求。帮助他们实现心中所想，这是他一直坚持不变的设计理念。

在空间设计领域，年纪轻轻的吴振宝已载誉无数。在拿下许多重要奖项的同时，还以评委身份出席各大作品评审现场，他的作品数次刊登国内顶尖家居类杂志，他是金创意奖特聘全国最具国际设计行业影响力的知名设计师，也是各大设计艺术院校相继特邀的专业设计导师。

做热爱的事业，坚持最初的设计梦

视界对话吴振宝

近几年市场上兴起许多设计公司，大环境下竞争非常激烈，但在2015年您依旧选择创立了安生设计，有犹豫过吗？是什么让您决定迈出创业这一步？

吴振宝：其实我从杭州中国美术学院风景建筑研究院到绍兴之后并没有想做工作室或者设计公司，当初只是简单想找个地方完成自己内心的loft梦想，有一个能用于创作、画画、会客的场所就挺好。工作室装修好之后很长时间也都是我一个人，后来是因为一个朋友的房子让我设计试试，而完成以后，有不错的效果，安生才逐渐在绍兴打开市场，也逐步完善团队架构等。

安生设计最初的市场定位是什么？

吴振宝：因为原来我在设计院工作的时候基本以高端度假别墅、酒店设计为主，然后在绍兴一开始也就接触了别墅客户，起点也比较高，我自己一开始的概念也是定位高端别墅私宅设计。

安生是一直坚持只做纯设计和高端私宅吗？为什么？做高端私宅设计的重点和难点体现在哪些方面？

吴振宝：我一直觉得在设计领域，私人住宅是最难的，因为我们接触的每个客户情况都不一样，年龄、教育程度、生活方式、审美标准都不一样。而我们一直以帮助客户实现理想居所为目标，想要做到这点，不仅要有设计经验，还要对居住者充分了解。我最初认为帮人设计房子其实是一件不那么骄傲的工作，但随着自身年龄和阅历的增加，有时候看到居住者在我们设计的空间内幸福生活，感受到喜悦，会倍感欣慰，但同时也会更加严格要求自己的专业能力。有时我觉得自己不仅仅是给人在设计一个房子，而是在帮助别人设计生活，这就是我一直坚持私宅设计的原因。

您觉得跟一般设计公司相比，纯设计公司有哪些优势？经营是更简单一些还是更艰难一些？

吴振宝：说实话，我没有想过这个问题，但可以肯定的是我不喜欢做传统装修公司，这与我从小到现在的个人教育与经历有关系，我还是希望保持纯粹，以解决客户问题为出发点，不受其他因素干扰，纯粹做自己喜欢的事情。因为我没有经营过非纯设计公司，所以也不好比较，但创业开公司甚至管理肯定会遇到很多问题，有时候会庆幸一直在干的是自己热爱的事业。

您的公司成立在绍兴，有没有遇到过受地区局限性的时候？会让您损失一些机会吗？

吴振宝：绍兴是一座相对保守的城市，的确会受到限制，比如材料供应、施工工艺以及客户群体对设计的接受程度相对于北上广这些城市会弱一些。不过我们还是坚持学习，传播设计，也相信我们城市的设计氛围会越来越好。

相比一二线城市创业，三四线城市创业突出的好处有哪些？

吴振宝：相对竞争会弱一些，创业成本也比较低。

▶ 提要 / Profile

- 创业：完成心中梦想
- 定位：高端私宅定制、坚持纯粹
- 难题：地区局限性
- 意见不合：交流为主，真正实现业主心中所想
- 规划：一站式全程托管模式

→ 1

创业后，有没有遇到过一些挫折？比如您的设计一直都是比较前卫、大胆的，会有客户不大能接受的情况吗？

吴振宝：我觉得我们最初的定位比较清晰，也只做市场一部分客户群体，所以面对不接受的客户也比较淡定，不适合我们的客户也会拒绝。

当与客户意见不合的时候，您一般是如何处理的？

吴振宝：首先我是五年前才慢慢从艺术家里走出来的，因为之前一直以为自己是艺术家，后面慢慢意识到设计师不是艺术家，设计行业是服务行业。所以当与客户意见产生分歧时候，首先还是交流，自己非常清楚客户是因为不懂设计才会委托专业设计团队来做这个事情，所以必须要耐心的对待，让客户明白自己的设计意图。

在您的介绍里有写到"专注于个性化空间定制与研究"，您是怎么看待"个性化空间"的？

吴振宝：其实前面也说到了，每个空间都有自己的特点，空间的主人也有各自的特点。很多人都在评价我们的设计很有个性，其实我想说的是，不是我的设计有个性，而是我设计空间的主人有个性，我们只是把客人的个性通过设计手法表达出来。设计必须满足业主的精神需求，帮助业主实现心中所想，这个过程，就是设计师实现自我价值的过程。

对于设计师如何找到自己的个性化可以给些建议吗？

吴振宝：每个设计师都有自己的设计方法与经历或者思考问题的方式，所以每个人的切入点都不同，但设计来源于生活，是我们常挂在嘴边的话，我觉这句话包含很多，要热爱生活、观察生活，这样就能够寻找到属于自己的个性。

比如您所在的绍兴，这座历史名城它独有的文化底蕴，有没有对您的设计风格产生一些影响？

吴振宝：绍兴是一座有深厚文化底蕴的城市，我们常说文化要有根，而绍兴有很好的基础，如果把绍兴文化比喻成一颗大树，而我就是这颗大树上的一片叶子，在吸收根部的养分。

您会选择经常去外地游学吗？游学可以带来哪些收获？

吴振宝：是的，设计师要多出去走走，开阔视野，关注世界不同地区的生活方式和美学呈现方式，这是我思考设计的温度和美学价值观的开始。

生活中会不会突然有灵光一动的感觉？突然就找到了设计灵感？举一二例。

吴振宝：一首动人的旋律或者某一位大师的书画作品。

最后，可以跟我们谈谈安生设计未来的规划吗？

吴振宝：首先还是保持初心，做自己热爱的工作，为客户解决问题。同时为了更好服务客户，我们会不断的完善团队、细化分工、提高效率，未来会考虑一站式全程托管模式运营，创立本土知名的设计品牌企业。

代表作品

1 斑纳映象摄影
2 绿城玉园

→ 2

岁月静好的现代简约生活
Modern, Brief, Simple and Peaceful Life

项目与故事

项目名称 / 香湖岛
设计公司 / 安生设计
装置与陈列 / 1637 艺术陈设
设计师 / 吴振宝
项目地点 / 浙江绍兴
项目面积 / 450 m²
摄影师 / 吴昌乐

01 / Firstly

简约而富含品质的空间需求

随着时代的发展,人们对于"住"这件事,早已脱离了单纯的身体感知。温暖舒适、行动自如是基本准则,而在此之上人们对此倾注了更多的精神需求,所谓家如其人,生活空间已然融为了主人的一部分。

"Less is More",简单的东西往往能带给人们更多的享受。由于本案主人有在国外生活的经历,设计师结合其一直以来的生活环境,了解到女主人意在拥有一个简约而富有品质的生活空间。

02 / Secondly
精益求精，让空间更完美

空间整体设计以"简"为道，设计师通过对材质、色彩、比例、造型、氛围等细节处的拿捏，以营造出空间质感。客厅内白色墙面上木饰面和原木色实木地板相呼应，让整个空间氛围显得安稳、舒适。

本案施工方面还算顺利，但施工方将木饰面材料用错这一事项始终让设计师耿耿于怀，即便与他想要呈现的效果相差不大，即便在客户看后也觉得不如将错就错，但是在设计师反复思量过后，决定自己垫付该材料的施工费，并坚持用回最开始的材料。

"细节决定成败"是一句俗语，也是一种哲理所在，细节往往因其"小"而容易被忽视，但这反而是树立责任心的关键所在。当结果变得没那么重要的时候，不轻易放过每一个细节的呈现便是设计师对项目的负责。

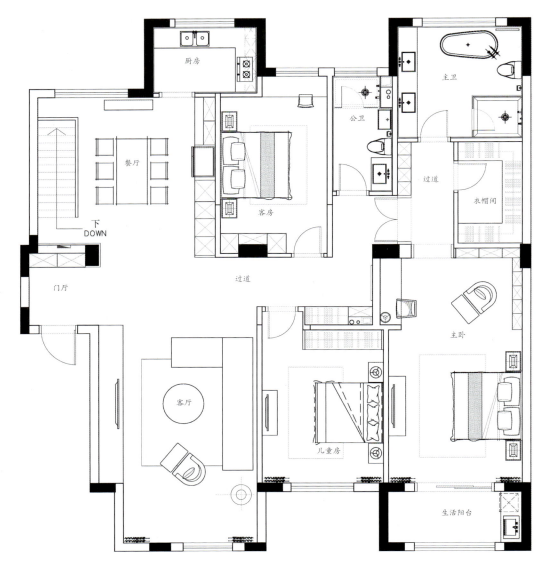

一层平面图

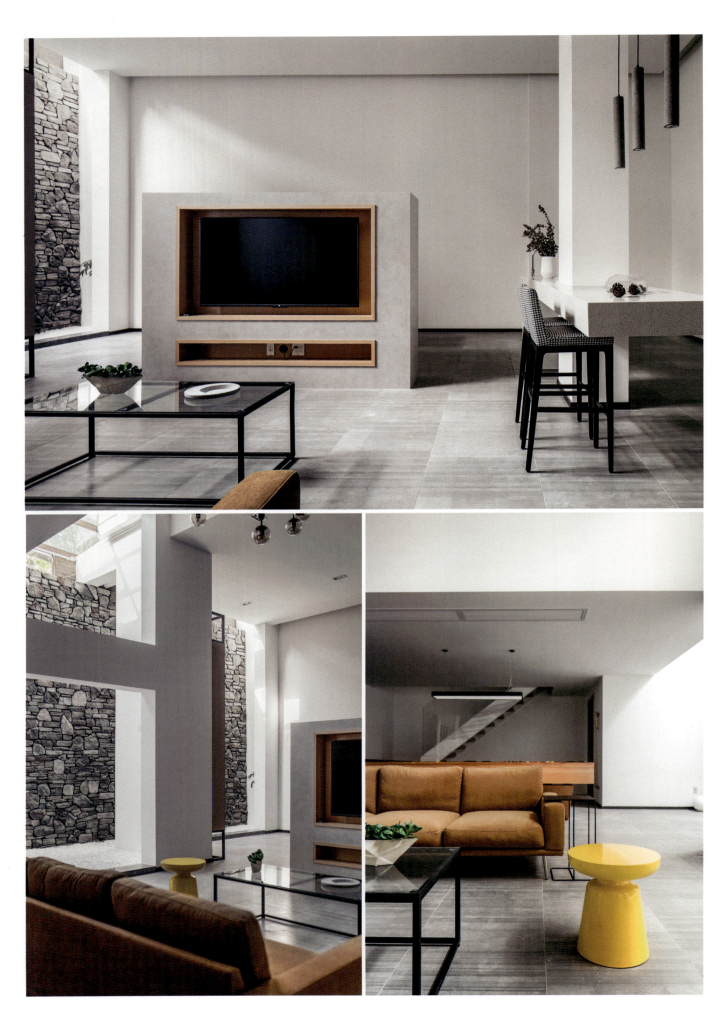

03 / Thirdly
色彩的碰撞平衡空间质感

本案主要生活空间采用全开放式布局，在这里你能看到不同的功能空间被家具巧妙地划分开来，整个空间在自然光线下明亮而通透。客厅内鲜黄色的座椅和餐厅的蓝色座椅在白色空间下突显出来，设计师巧妙地运用色彩来平衡空间关系，呈现空间质感。

黑白灰是现代简约经典诠释，主卧黑白灰与原木色的搭配充满优雅的韵味，没有采用华丽的元素，以满足业主实际的生活需求为主。繁忙的都市生活，你需要这样一处空间去安放一颗真实而不加雕琢的心，设计师在此基础上将设计与品质生活相融合，传递优雅舒适的居住体验。

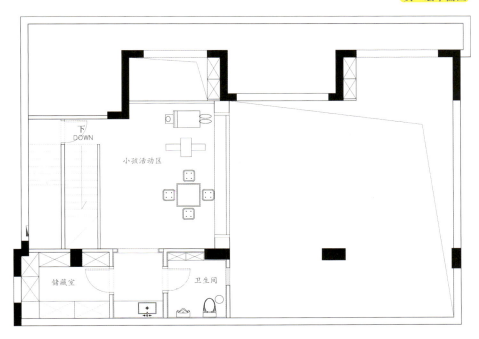

负一层平面图

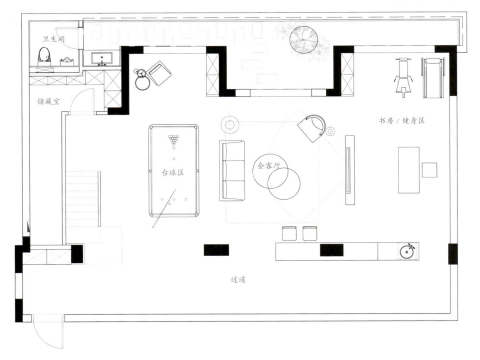

负二层平面图

04 / Fourthly
地下空间的现代时尚生活

▲ 原汁原味的文化石墙为设计添加质感

业主赴美归国后，对享受生活有着自己独到的见解，而本案地下空间的设计则刚好为业主提供了一个能满足日常和朋友间休闲娱乐的极具设计感场所。大面积不加修饰的白墙与水泥灰地砖，原木色在各处得以呈现，打造时尚现代空间。

岁月静好，现世安稳。业主的满意，是对设计师给予的最大肯定。

海归十年的夫妻档创业路，他在设计多元化的探索和创新中始终坚守初心！

10-Year way of Returned Overseas Graduates Couple's Business, He Sticks His Heart to Explore and Innovate Design Diversification

设计师档案 · 设计师访谈 · 项目与故事

2018年多乐士中华区空间色彩奖

2017年好好住营造家奖

40 UNDER 40 中国（四川）设计杰出青年

中国装饰协会同盟会会员

多乐士官方签约设计师

阿克苏诺贝尔2018全球宣传大使

扫码查看电子版

何丹尼 / Denny Ho

壹阁设计 | 创始人

设计师档案

何丹尼毕业于加州艺术学院工业设计系，后又主攻环艺设计，进入东京艺术大学进修。一直身处设计行业的他，对建筑结构、空间关系极其敏锐，拥有丰富的设计从业经验，多年国外的学习、工作经历为他回国的创业路打下了坚实的行业基础。

何丹尼的设计理念——"我正在向全世界兜售属于我自己的梦幻"，对于设计，他主张不是做一个只供观看的外壳，设计的本质是对生活本身的设计，最重要的是能给人们带来愉悦的体验。在探索设计多元化的道路上，他始终坚守设计的初心和自己的设计原则，带领着一支小而精的团队不断前行。

视界对话何丹尼

Keep going 他一直在路上！

从您的履历来看您一直在国外学习和工作，直到2008年您和您夫人一同回国，并选择创立了壹阁设计，当时选择回国是出于什么考虑呢？

何丹尼：其实并不是和夫人一同回国，而是因为夫人才来到了成都。2008那一年发生了很多人生中重要的事情，来到一个陌生的城市，和夫人也是同年结婚，并创办了壹阁设计。

在回国初期有没有对国内设计形势做过一些系统的了解？可以跟我们聊聊当时国内的设计趋势吗？

何丹尼：回国的缘由是因为夫人，所以在刚开始并没有对国内的形势做过系统的了解。由于夫人和我本身也都同处于设计行业，回来自然就创办了壹阁设计，而当初的壹阁设计曾经叫做"蓝翔设计"，在当时，大家并不认同设计需要单独收费这一个现象。

在创业初期有没有遇到过一些很棘手的问题？比如国内客户和国外客户之间的差异性？

何丹尼：算不上棘手，可能只是习惯不同。想到有趣的一件事情是，有一个客户说有空出来喝茶，其实对于四川人来讲，叫你喝茶就是一种社交方式，类似说约你出来聊一聊，而当时我没能理解，于是回复说我不喝茶只喝咖啡。（笑）

作为夫妻搭档的设计公司，在国内还算比较普遍的现象，您和您夫人在工作中有没有明确的分工？具体都负责哪些方面？

何丹尼：我们在工作中几乎是独立的，每一位设计师其实都有自己独特的想法和坚持，在做案子的时候几乎她做她的我做我的，只是在闲暇时会有很多关于设计的讨论和分享，但不会去干涉对方的设计构想。

两人同为设计师，各自擅长的领域应该各有不同，有没有出现意见不合的时候？如果遇到意见不同的情况，一般会如何处理？

何丹尼：当然会有，但因为各自负责自己的案子，所以这种情况在我们之间并不常见，当然如果真的意见不同，You know，happy wife，happy life。

工作和生活你们会分开吗？还是常常也会在家里讨论工作的事情？

何丹尼：回到家中大部分都是陪伴孩子的时间，因为我们都非常重视孩子的家庭环境以及整个童年的成长教育，只有在孩子睡觉之后，我们才会做一些设计相关的事情。

认真翻阅了近几年贵公司的设计作品，大多以现代风格和美式风格为主，处处透露着自由、闲适的气息，跟成都这座城市的气质也很

提要 / Profile

- 创业：热爱设计
- 问题：地区习惯差异性
- 夫妻分工：各自独立
- 设计风格：喜欢做有意思的东西
- 找准定位：坚守初心
- 团队：小而精
- 期许：Keep going

→ warm house

符合，这两种风格是您比较偏爱的吗？还是跟早年国外学习生活的经历有关？

何丹尼：其实没有刻意的去专做哪一种或者两种风格，美式是因为从小的生活环境给我带来的影响，会让我觉得非常的舒适。我们更喜欢去玩设计，做一些有意思的东西。

对于设计师而言，精准的定位是不是很重要？应该如何找到自己的定位呢？

何丹尼：找准自己的定位和目标，并且能够坚持初心，是非常重要的。做设计是因为热爱，所以这么多年，也并没有因为市场影响到做设计的初心，这样的定位来自于你要清楚到底想要的是什么。

近几年国内的设计趋势一直在不断变化，壹阁却一直在坚持自己的设计风格，是一开始就想好了要做怎样的设计公司吗？如果遇到不同要求的客户，您会做出一些改变吗？

何丹尼：是的，当初和夫人一同创办了壹阁设计，就是因为我们对设计的热爱，想要做好设计，让国人也能通过设计享受到其带来的一些生活上的改变。一个好的设计是真的能够改变人们的生活的，我们常常说的生活仪式感，这是能够感受到的最直观的方式。

您应该是个比较浪漫的人，会不会把平时生活中遇到的一些美好的元素运用到设计中？可以举几个例子吗？

何丹尼：设计的灵感来源于生活，我们在做设计的时候都会找到这个房屋主人的情感点，这样的房屋对于屋主而言是有意义的。

另外，在你们官微上面看到的主题语很是吸引人，"我们做着自己热爱的事，自然而然就聚在了一起"，这是现代年轻人最热爱的一种生活态度，强调追求自我价值与个性。您公司的同事应该都是非常有活力的吧？在选择团队成员的时候有没有一些具体的标准？

何丹尼：我们更注重团队成员的做事态度，即使他刚来的时候并没有具备特别高的专业技能，但只要他肯学并且能够正面、积极地面对工作中遇到的各种问题，我们也会非常乐于培养的。

要带好一个年轻团队不容易，带出一个优秀的年轻团队更加不容易，壹阁成长到现在的规模，您觉得壹阁的团队优势在哪？

何丹尼：其实这么多年，我和夫人一直想做的就是打造一个小而精的团队，我们不会为了市场需求而扩大规模，希望团队能保持很高的设计质量，永远拥有不断创新并且只属于壹阁设计标签的设计。

平时有没有一些激励大家进步的措施？比如关于创新或培养团队意识的活动。

何丹尼：每年我们都会组织优秀员工到世界各地去走走看看，设计师是一个需要学到老的职业，不断充实自己，不断吸取更多优秀先进的经验，提升整个团队的审美以及认知是非常重要的。

对于壹阁这些年来的发展您还满意吗？对未来有着怎样的期许？

何丹尼：Keep going！一直都有更多的东西值得去学习，对于设计而言，我们也只是一直在路上而已。希望未来的某一天，能够在设计这个行业留下自己浓墨重彩的一笔。

→ 1

← 2

代表作品

1 爱丽丝梦游仙境

2 喜欢你

传递品质生活的温馨之家
Deliver the Quality Life to A Warm House

项目与故事

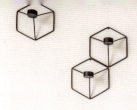

项目名称 / warm house
设计公司 / 壹阁设计
设计师 / 何丹尼 (Denny Ho)、钟莉
项目地点 / 四川成都
项目面积 / 145 m²
摄影师 / 季光

01 / Firstly
墙面撞色设计，给空间增添温馨感

家，是一种态度，更是一种信仰，是一种情怀，更是一种热爱，每个家都各不相同，每个家都自成世界。

我们需要一双冲破世俗的眼睛，平和地去感受颜色、材料不一样的美，简洁的现代空间，搭配颜色是最时尚、最快速的解决之道。由于格局的限制，本案的设计师不得不在空间的颜色上做文章，用2018年流行色在墙面上营造出视觉的变化，感受到生活的真实。书房注入了丰富的色彩元素，上下墙面分色出来，如此巧妙用心的设计手法搭配绿植，为暖色调的空间平添了一份自然呼吸，伏案工作时也增加了几缕人文情怀。

色彩是神奇的东西，在有限的空间下，色彩间的撞色组合为简约的空间增添了一分温馨和生机。

02 / Secondly
有温度的软装是家的核心所在

本案设计师非常讲究对立，整个材质、风格、色调都会有一定的冲撞感，用金属质感的吊灯与木质衣架搭配着色柔和的墙面，这样的协调感为空间创造了多种可能。书房木色置物板、白色书桌等，随处都是温度，因为色调、因为材料、更因为人，打造出低调优雅的生活氛围，在空间布局上，低调、简约却富有细节感的家具在有颜色的空间下更显质感。

从概念到细节，从软装到室内，这一切设计师亲力亲为，通过多元化的生活探索，获得更多的视觉展现。

▼ 木质桌凳与衣架与柔和的墙面相互融合，打造温馨舒适的空间。

▼ 这扇门的背后暗藏玄机，利用楼梯下方的空间作为储物空间。

▼ 将心爱的物件，大胆地展示、利用起来，就能赋予空间自己个性的烙印。

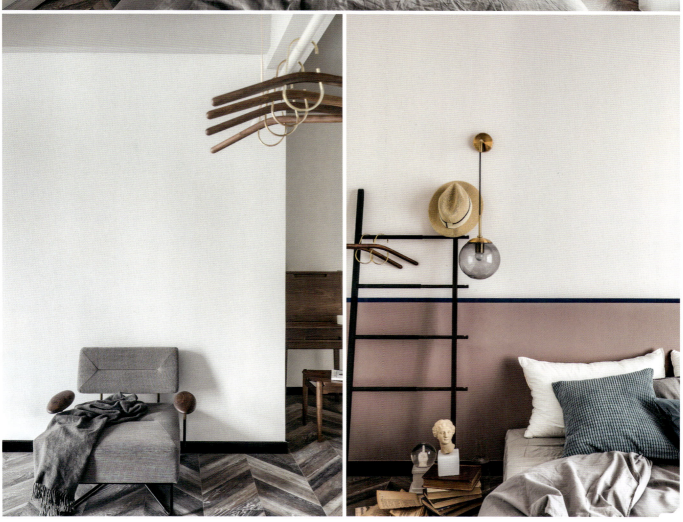

她，带领着一批"美女战士"为大家创造幸福的梦

Create a Happiness Dream with a lot of Beauty Soldiers

第八届中国建筑装饰设计奖 商品房 / 样板房空间 / 工程年度佳作奖

第八届中国建筑装饰设计奖 商业 / 金融 / 售楼处空间 / 工程 铜奖

中国建筑装饰杰出商业空间设计机构

设计师档案·设计师访谈·项目与故事

扫码查看电子版

龙海玲 / Hailing Long

GNU 金秋设计　联合创始人 ｜ 设计总监

设计师档案

龙海玲从事室内软装业十年，先后参与了万科地产、龙湖地产、金辉地产、保利地产、碧桂等众多一线地产的室内软装设计项目，得到客户的广泛好评，积累了丰富的室内设计及设计管理经验。

由她联合创办的设计公司——金秋设计秉承"让所见更美"的理念，打造了众多住宅样板精品项目。她带领的团队大部分为女性，被大家称为"美女战士"，以女性对美特有的细腻感知，创造不俗的美学设计。

视界对话龙海玲
勇敢做梦，虚心学习，大胆设计！

您是什么时候开始从事于室内设计这个行业的？您对室内设计这个行业有怎样的认识？

龙海玲：十年磨一剑，砺得梅花香。

从2008年开始，我从事这行业10年了，从业以来，一直都是以做软装设计为主。我认为室内设计是给居住者传达一种美的、令人向往的生活方式，是兼备实用与美感的空间，未来业主几年或者说几十年的居住品质都与我们今天的设计息息相关。

基本上每个设计师都会有跳槽的经历，但现在频繁跳槽的现象越来越明显，对此您怎么看？频繁跳槽对设计师的职业规划是利大于弊还是弊大于利？为什么？

龙海玲：关于跳槽，对于设计公司来说我觉得应该是比较正常的一件事情。因为设计工作本身是一件非常煎熬甚至痛苦的事情，如果内心不够坚定，不够由心地热爱，就会很容易放弃。

金秋设计会遇到设计师频繁跳槽的问题吗？具体有哪些现象？

龙海玲：我们公司也一样面临这样的问题，但优秀的设计师都没怎么流动，她们会因为这份喜欢的事业坚持着，反而发挥得越来越稳定，变得越来越优秀。跳槽的设计师中多为新人，资历都比较浅，这都是一些正常的现象。

您一直担任公司设计总监的职务，还带领了一支美女设计师队伍。在您看来，女性设计师与男性设计师在设计上最大的不同是什么？女性设计师的优势有哪些？

龙海玲：我们公司的主力军确实都是女生，传说中的"美女战士"！

软装设计这是一份要保持耐心和充满想象力的职业，我觉得女性要比男性要细腻一些。比如在色彩和空间的情绪表达方面，女性比男性要有优势。都说设计师是生活的造梦者，女性天生都比较爱做梦，帮别人造梦本身也是一件幸福的事情，所以我们的设计师在这件事情上乐此不疲……

作为设计总监，要带领好一个团队其必备的能力有哪些？

龙海玲：我认为的设计应该是坚定内心的美好，同时也要有一颗谦卑的心，放眼全球，向更优秀的人学习。我希望可以带她们不断丰富自身的才华，并用一颗深爱设计的心去学习，通过学习而创作出来的作品能打动观众和被甲方认可，对我们来说是幸福的！

对于团队成员，您最注重哪些方面能力的建设与培养？当团队成员发生意见分歧的时候，您一般会如何引导和处理？

龙海玲：设计技能和设计方法对于设计师来说固然十分重要，也是立足之本。但是，随着时间的推移，你会发现，在成长的过程中我们更需要内心的平

提要 / Profile
- 以设计为起始
- 身后有一批"爱做梦"的"美女战士"
- 做设计要感知时代审美，"让所见更美"
- 做能"打动人心的"样板空间

→ 福州金辉淮安－江山铭著样板房户型

静和坚定,更多的需要增长自己的见识和丰富自己的阅历。

在我的团队里"理解"是设计师需要具备的基础心态,所有事情如果建立在理解之上,多换位思考,出现问题时找找自己原因,我想意见和分歧也能很快释怀。

金秋的设计理念是"让所见更美",一直深耕于地产样板房的设计,以您多年的从业经验看,随着精装房的出现,未来样板房设计的发展趋势是什么?设计公司会做出应对调整的计划吗?如果有,主要是哪些方面的调整呢?

龙海玲:坚信心中的美好,"让所见更美"一直是我们的设计理念。

知名画家蒋勋曾经为我们描绘过美的生活方式"美其实是回来做自己,我能够不被这个流行所干扰,我知道自己要什么"。

我希望我们的团队能认真感知时代审美的潮流,但不是盲目追逐流行,而是要做出经得起推敲的作品。我觉得未来样板房的流行风格还是会以沉静优雅的现代风格所引导吧,比如新加坡建筑设计事务所SCDA做的住宅空间。

样板房设计稍有不慎就会出现雷同的情况,金秋设计是如何做到即使同一户型也能各有特色?平时通过哪些方式、途径来汲取设计灵感?

龙海玲:我觉得色彩是最直接的情感表达,不同色调的空间给人的视觉感受和情境也是不一样的,就好像一年中的四季变化。主题情景的呈现,同样会赋予每个样板房的生命力和故事性。

设计的方法和灵感有很多种,设计师一般都有一颗敏感的心和善于发现美的眼睛,在生活上也特别用心,所以能感悟到很多不同的生活方式,我们可以从一部电影、一场时装秀、一次旅行或者各类的潮流杂志中捕捉到设计灵感。

要想做好样板房设计的核心在哪里?如何快速实现并达到地产商所需要的效果?可以结合您的设计项目详细谈谈。

龙海玲:样板房是开发商为了更好地吸引客户而精心打造的一种理想空间,大多数时候甲方通常会提到"我要眼前一亮的效果",其实重点还是在于视觉感受。也有一些格外用心的甲方,除了要求做好视觉效果外,还会要求做打动人心的样板房。通常我们会跟甲方分析受众群体,根据目标人群拟定一种家庭生活情境,赋予人物的性格、兴趣爱好和故事情节等,这样就能够从我们的样板房呈现的细节中感受到一些令人心动的场景。

前两年开始一直在提倡"大湾区时代",而金秋设计就在湾区的中心位置,也一直提倡"放眼国际视野,认真感知时代审美潮流"的口号。您认为,要怎样才能做到放眼国际?如何才能感知时代审美潮流?

龙海玲:无论通过互联网还是亲临实地,我们重点关注以下几个方面的资讯:

首先,是世界范围内顶尖设计师的作品发布、设计言论、观点。其次,是世界范围内顶尖装饰家居类的展览展会、设计周,大品牌家具产品的新品发布、新品展厅情况。再者,是世界范围新开业的高端品牌酒店、高端楼盘示范区的展示。

还有一点是网络上设计师们力荐的"网红打卡胜地"等。如此一来,便能基本做到"放眼国际"并"感知时代审美"。

→ 佛山万科·金域学府销售中心

项目与故事

家的宁静·温润心灵深处
The Peaceful Life in House and Have A Mild Soul

项目名称 / 韶关保利中宸花园
设计公司 / 金秋设计
主案设计 / 邱玲玲
设计助理 / 戴情风
设计团队 / 软装六组
设计管理 / 龙海玲
艺术指导 / 余秋兵
项目地点 / 广东韶关
项目面积 / 220 m²
摄影师 / Ingallery 金啸文

01 / Firstly
怎样的生活场景才是内心的期待？

"奢华的家要有安静的感觉，触动心灵深处。"——安藤忠雄

在这个钢筋混凝土的现代都市中，家成了最温暖的港湾，而人们对于生活的居所，总追求着一种不刻意的奢华，聆听"推开门外是人间烟火，关上门后是遗世独立"的生活诉求，设计师感知空间所赋予的美，演绎出现代都市美学与生活意境的居所。

02 / Secondly
精致选材是实现期待的基础

客厅与餐厅呈开放式的格局，一气呵成。金属质感与柔和灯光、石材与木材的天然纹路……这些阳刚与阴柔的元素融合在一起，营造出一个动静相间、富有活力的空间。设计师运用胡桃木贯穿整个空间，细腻缜密的木与金属提升空间的整体气质，暖一分则俗，冷一分则素。别具匠心地运用大理石作为大面积铺垫，其天然的不规则线性纹理延展出不同层次的空间视觉，暗生波澜。

设计 Tips

我们怀着对生活的由衷热爱和对精英阶层家居场景的思考，将灰色作为整套样板房的主色调，以橙色点缀其间，像沉稳的思想者，内心总有一股正气与热血。线、面、色彩的交织成就皮具的经典之作，装饰画所呈现的这些元素，将稳重深沉的理性之美渗透于细部，呈现了经岁月积淀的睿智优雅。

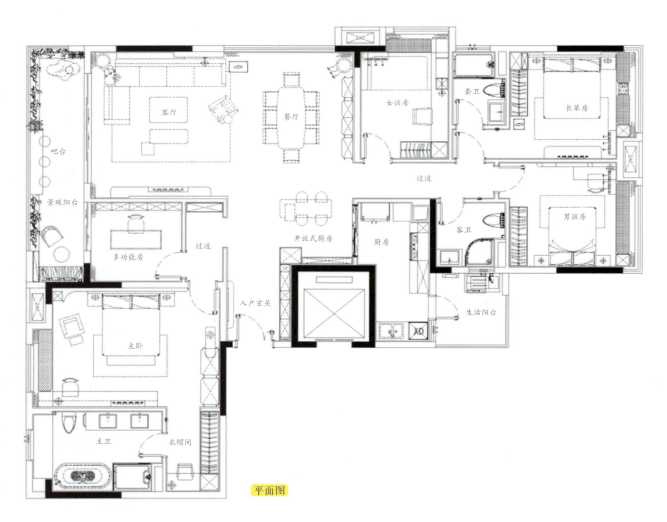

平面图

设计展望 Design Outlook

不同的人对家庭生活有不同的想象，其中不可缺少的主题是"团聚"，只有家人住在一起，才有中国传统的"家"的味道，那是超乎血缘关系的情感体现。要让对家的想象成为现实，在有丰富的想象力前提下，充分考虑使用者的需求，才能让生活场景真正跟生活紧密联系在一起。

03 / Thirdly

长辈的愿望，是家庭团圆和乐，晚辈诸事顺遂

老人房有着东方韵味的素雅与庄重，沉静儒雅的床品、背景墙上的金属装饰物将老人晚年颐养天年的生活气息烘托而出，营造出朴实的氛围，给人一种气定神闲的感觉。设想在月色溶溶的晚上，两位老人坐在窗台对月谈心，流水无声，两人心下一片沉静，"经不住似水流年，逃不过此间少年"，不言不语中，现世安稳，彼此懂得。

04 / Fourthly
营造安静的环境铺垫美梦一场

主卧以灰色贯穿,而白色是安静的主旋律,素白的空间和极其简单的装饰线条,背景墙内嵌的灯带发出隐约微妙的灯光,为空间增添细腻灵动的情调,瞥见卧室的另一角,极简的线条与素白色调的家具,没有多余繁杂的装饰,交汇出优雅且富有生命力的空间。

05 / Fifthly
孩子的梦需要大人的浇灌与呵护

男孩天性好动,男孩房选用活泼明快的绿色作为主色调,营造出绿草葱郁的景象,以足球明星作为背景墙,并在其中点缀几处足球元素,舒适而富有活力,体现了主人在培养孩子爱好的同时注入了对孩子无限的关怀。

小女儿的房间更显童趣,壁纸的音乐纹路让空间氛围更自由而不刻板,最亮眼的是像七彩泡泡一样的顶灯,有趣而可爱。小孩儿的房间收纳很重要,卧室内简洁的定制壁柜和床柜轻松解决收纳问题。

热爱设计，追求细节的他，在联合创业的道路上不断成长

Love Design! He Purses Details and Continually Develops on the Way of Joint Adventure

设计师档案·设计师访谈·项目与故事

2018CBDA 软装陈设设计奖"年度最具品牌创新设计团队"

2018 红棉奖年度最美雅奢空间设计大赛"年度优秀'雅奢空间'设计"

2017 年度金堂奖优秀作品奖

2017 艾鼎国际设计大赛金奖提名

2016—2017 中国建筑装饰协会年度最具影响力设计机构

扫码查看电子版

郦潘刚 / Pangang Li

辰佑设计·颜青软装 ｜ 创始人

设计师档案

精致·艺术·人文，是郦潘刚的设计理念所在，他善于追求艺术的氛围，善于揣摩细节的完美，希望能够把业主的喜好真正融入到空间设计里面，从而打造一个即实用又具美学价值的空间。

在他和合伙人的带领下，具备自主生产的软装品牌——颜青软装正式成立，不仅为辰佑设计提升了整体软装搭配，还进一步为客户呈现了全案的模式，设计的作品在深受大众喜爱的同时，也获得了国内外许多优秀设计奖项。

视界对话郦潘刚

有一个志同道合的合伙人，这很重要

您是2012年在杭州与其他合伙人一起成立的辰佑设计，当时怎么决定大家合伙创业的呢？彼此都是比较熟悉的人吗？

郦潘刚：其实当时没有想很多，因为原先是待在一家传统公司，那时候的装修公司大部分都是传统型，少量设计型公司。我跟另外一个合伙人也是我的兄弟，我们俩一直喜欢设计，追求好的细节，希望做一些不一样居室环境，于是就一起创办了辰佑。

合伙创业有一定的优势与弊端，可以根据您这么多年的经营经验给大家聊一下吗？您自己建不建议合伙创业？

郦潘刚：其实我觉得任何事都是存在两面性的，合伙创业当然也是。优势在于能有一个志同道合的人和你并肩作战，这种感觉是非常好的，弊端在于两个人难免会出现摩擦。但是只要找到对的人，有共同目标、共同理想，我觉得合伙创业是完全没问题的。

在辰佑设计合伙人之间都有明确的分工吗？会不会有意见不合的时候？怎么处理的？

郦潘刚：我的合伙人是管理辰佑设计，我负责管理辰佑·颜青软装。肯定会有意见不合的时候，但我们俩基本上每天都在一起，所以当意见不合时，我们会慢慢细聊，多沟通吧。

辰佑设计的市场定位也是大家一起决定的吗？只专做家装市场吗？

郦潘刚：以前我们俩在没创业之前，就是做家装设计，所以我们创办辰佑最初的市场定位也是家装设计，但现在已经不仅仅局限家装设计了，也会涉及到一些小型的工装，像酒店、会所、餐厅、健身房等。

大部分项目都是比较温馨舒适的现代风格，在您看来做好家装设计最难的点是什么？

郦潘刚：我觉得是去除规则化、限定化后，怎么才能让室内空间呈现不同的个性、思想、情感、人文等，这个是最难的。

辰佑一直偏全案设计，现在还配备了颜青软装，会自主设计、制作、生产一些软装产品，是出于客户需求吗？还是为了更好的辅助公司发展呢？

郦潘刚：原先辰佑在做设计的时候，我们觉得硬装这块做的其实还是比较细腻的，但软装这块，相对比较薄弱，所以我们为了更好地提升软装搭配，思考并才成立了颜青软装这个部门。确实颜青软装成立后，我们在软装搭配上提升了很多，对全案的理念呈现也更完美一些。

作为一家全产业链模式的设计公司，目前市场上还是比较少见的。

▶ 提要 / Profile

- 创业初衷：热爱设计、追求细节
- 合伙人：共同理想、共同目标
- 颜青成立：全案模式
- 实景与拍摄：追求实景细节

→ 1

相比纯设计公司，自主生产有没有一些优势？会不会给公司带来更多的机会？可举例说明。

郦潘刚： 其实站在业主的角度来考虑，肯定是希望设计+施工+软装全套模式，这样对于他们来说会更方便一些；站在我们的角度上，整体对接及效果的呈现也会更好，当然也就会给公司带来更多的机会。

硬装和软装相比，哪个更考验设计师的实力？您更喜欢哪个部分？为什么？

郦潘刚： 硬装跟软装其实可能在国内分的比较明显，但我觉得就考验设计师能力来说，当然是两者兼具则实力更强。我感觉没有说更喜欢哪个，因为硬装需要软装来搭配呈现空间美感，软装需要硬装作为表达的载体，两者不可或缺，是相辅相成的一种关系。

您作为辰佑设计的联合创始人，平时负责公司的哪个部分呢？主要工作内容是什么？

郦潘刚： 我现在主要还是在做设计，负责公司里一些特殊案子，再加上一些软装部的管理工作。

辰佑的发展离不开公司大量实景作品的宣传，对于近几年设计师越来越注重自己作品实景拍摄的现象，您怎么看？实景会不会更具有说服力？

郦潘刚： 当然是实景更有说服力，为什么呢？我们现在所有的设计师都会有张表格，如果需要拍摄作品，需要将表格上报，然后我们设计部几位管理层会去现场考察，看作品是否符合拍摄要求。因为有些作品，现场设计比较糟糕，但可以通过摄影的手法来掩盖或者表现出另一种完美，但作为一套真正的作品来说，实景细节是更有说服力的，所以我们要的不仅是实景拍摄，更重要的是真正实景的呈现。

未来还会在作品宣传上下功夫吗？会不会有一些新的品牌推广计划？

郦潘刚： 这些其实都还没有太仔细想过，因为主要还是在思考着怎么把设计做好，真正作品好了也才会有宣传推广的意义。

最后，聊聊您对辰佑·颜青未来的展望吧？

郦潘刚： 就杭州家装设计来说，精装房的推广，对于整个全案市场都有很大的冲击，整个市场的氛围也不是太好，竞争非常激烈，但因为我们之前积累了很多的优秀作品及完善的产品配套，我相信未来的发展，不会很艰难，而且我们公司体量也不是很大，所以相对也会好生存一些。

代表作品

1 蒙布朗
2 Soft Day

→ 1　　→ 2

项目与故事

西情东韵，品味优雅人生
Taste the Graceful Life with Feelings and Charm

项目名称 / 嘉兴平湖龙湫湾
设计公司 / 辰佑设计
设计师 / 郦潘刚
项目地点 / 湖北武汉
项目面积 / 400 m²
主要材料 / 定制壁画、全屋家具定制、木饰面等
摄影师 / 林峰

01 / Firstly

现代、传统风韵在对称式布局内相互交融

　　室外环境优美，室内也别有洞天，关于空间的布局及空间感，功能是首要满足条件，由它决定空间的"形"。客厅处，采用中轴对称的设计手法，沙发以炭灰色硬包为背景，结合灰色墙面、及爵士白踢脚线，由黑到灰、白的层次变化，设计师运用了西方的现代手法，将传统中式元素加以改变并融入其中，让人在现代与传统之间产生错觉，再细细品味时，就会发现无处不在的中国风，将西情东韵完美结合。

　　西厨区域与客厅的设计理念相似，同样采用对称式手法，给人一种规律、洁净、稳定的感觉，经典黑白的碰撞呈现空间现代感，与深色木饰面结合，给空间注入端庄的气质。大面积地面由爵士白大理石拼贴，有着斑驳的感觉，颇有中式水墨画里的泼墨意境。

02 / Secondly

高贵的蓝，给人视觉盛宴及身心享受

在中性沉稳的客厅空间下，蓝色的沙发成为点睛之笔，提升了整体亮度，使得空间更加明亮通透。中餐厅蓝色的餐椅与墙面似海上生明月的圆形挂画搭配，中和了大面积浅色带来的沉闷，一冷一暖，让整个空间笼罩在时尚、安静的氛围中。

主卧墨蓝色床与座椅统一色调，优雅舒适从中流露，围合靠背样式则给人满满安全感，床头的背景壁纸制造了一种人与自然和谐共生的景象。

◀ 圆形与三角形组合的琥珀色茶几，稳重不失华贵。

03 / Thirdly

灯饰的点缀赋予空间质感

灯饰在室内设计的不断发展下,在作为照明工具的同时,已经成了住宅空间内的重要装饰,在功能性与形式性的统一中,不仅成为制造氛围的高手,更为空间增添了艺术气息,本案中灯饰的装点与设计便很好的体现了这一点。

▲ 西厨:局部金桐的灯饰点缀,给空间增添了奢华感,可见精致的品质生活。

▲ 主卫:黄铜颜色的吊灯同样造型别致,个性又不失质感。

主卧：床头唱片样式的吊灯，复古时尚，优雅大方，让人在自然舒适的居室中感受到了一丝艺术的气息。

04 / Fourthly
各具特色的私人空间

女儿房的设计充满童趣，纷蓝色的床靠背，搭配白色云朵靠枕，如同沐浴在蓝天白云下。高级灰外表的衣柜，一抹金属几何把手，低调中带有一丝华丽。

男孩房的设计，则带有男子汉的气概和几分趣味性，床头黄色的点缀使得空间更加俏皮、生动。

次卧水墨山水图硬包，若隐若现，虚实之间仿佛居于仙境，设计师降低了整个空间的饱和度，营造安静的氛围。

▼ 次卧：床头两边不对称的吊灯样式，简约时尚。

年轻有实力的他，演绎普通设计师到设计总监的蜕变之路！

The Master Road — Deduce from the Ordinary Designer to Design Director

设计师档案·设计师访谈·项目与故事

2012 年进入力设计

2016 年任力设计设计总监

第十二届大金内装饰设计大赛"浙江地区美宅设计别墅组"铜奖

扫码查看电子版

力楚 / Chu Li

力设计 设计总监

设计师档案

力楚作为新一代青年设计师成长路上蜕变的代表，他由普通设计师一步步晋升为设计总监的经历，虽然年龄上稍显稚嫩，但他依旧以身作则，成为大家学习的榜样，也向人们很好地诠释了勤奋、踏实的意义所在。

"设计是一种态度，创新是一种生活，思想是生命的核心"是力楚的设计理念。坚持设计的初心，进而真正做到为客户服务，是他一直保持不变的原则。

视界对话力楚
努力才有回报，凭借实力说话！

您的名字里也有一个"力"字，与力设计真的是非常有缘分，您是何时进入力设计的？

力楚：2012年4月，在力设计创立之初我就加入了。

当初是因为什么让您选择加入力设计的呢？

力楚：因为实习阶段是力设计老板李力带我的，他算是我的启蒙老师。

初入公司时担任的是什么职务？主要工作内容是什么？

力楚：最初就是普通的设计师，工作内容也是设计师们都会经历的一些重复、繁琐的事。

刚开始在职场中有没有给自己设定过明确的目标？

力楚：坚持不忘设计的初心，不断在学习中提升自己的设计能力，成为一名真正为客户考虑的合格设计师是我的目标所在。

您仅用4年时间就从普通设计师到了设计总监的位置，而且是当红设计公司的设计总监，可以跟我们分享一下职场经验吗？

力楚：因为公司人想法比较单纯，相对更看重的是设计师能力，所以年龄、工作时间的长短对于我们来说并不代表一切，大家能力的差距也决定了上升速度的快慢。特别是对于新人来说，只要勤奋、踏实肯干，把加班也当做是学习的过程，就会有进步。而有的人开花时间虽然会晚一些，但这是一个积累的过程，付出总是会有回报的。

现在在职场中，机械化工作是许多年轻人的通病，对此种现象您怎么看待？

力楚：机械化工作的人是平庸的，用心工作的人早晚会脱颖而出。

您曾经是否有过工作非常麻木或者迷茫的时期，这个时候您是如何进行自我调节的？

力楚：肯定会有麻木和迷茫的时候，这就是设计师的瓶颈期，只能靠熬、靠坚持，这个时候自己的信念非常重要，只要坚持下去了，就会是一个大的自我提升。

毕竟职位越高意味着需要承受更大的压力与责任，如何让团队将压力化为动力是每个管理者必修的课程，在团队管理上，您的策略是什么？

力楚：其实我们公司团队管理方面算是比较松散的，没有什么严格的规章

▶ 提要 / Profile

- 目标：成为一名合格的设计师
- 职场经验：勤奋、踏实
- 自我调节：信念
- 公司管理：自我约束
- 品牌优势：服务
- 规划：培养出新一批优秀设计师

→ 玫瑰园

制度，更多是靠大家的自觉。所以公司成立到现在，我们的人员流动性很小，最开始我们想要的也是一批志同道合，在工作上能自我约束、管理，彼此能长期融洽共存的同事。

现在团队越来越受欢迎，力设计也一度成为网红设计公司，对于力设计这些年的发展，可以给我们简单阐述一下吗？

力楚：其实不管是公司还是我个人都是一样的，我们一直本心不变，一直坚持在做设计这一个事，也不断地去完善相关配套设计，真正做到服务好客户。这是一个积累的过程，我们也相信这些付出会有好的结果。

之前有没有想过力设计会这么红？有详细规划过自己公司的品牌推广吗？

力楚：并没有想过吧，我们当初就是顺其自然坚持走自己的路，并且只要方向不错，传播的是一种积极的正面能量，那么就是会越来越好的。品牌推广这个确实有想过，我们认为客户就是最好的推广，打一个比方，你现在作为我的客户，那么你的朋友圈很可能以后都是我的客户，这是一种辐射性，也是一个比较准确的定位。

跟其他设计公司相比，力设计最大的品牌优势是什么？

力楚：首先我觉得力设计本身就是一个品牌优势，其次力设计各个方面的细节表现、力设计的服务态度和一直以来公司坚持不忘初心都是力设计的优势所在。

另外，从事设计的这些年，对您来说最大的收获是什么？

力楚：收获的话有很多方面吧，比如我个人能力和眼界的提升，也收获了很多最后成为朋友的客户，我们也经常会出来吃饭小聚聊聊别的。其实可以这样理解，因为有越来越多的客户信任我们、挺我们，所以在为他们服务的这条设计路上我的收获也会越来越多。

最后，可以跟我们谈谈关于您个人以及力设计未来的规划吗？

力楚：我个人现在主要负责力设计家装这块，就目前来说我很想做的是把我带领的团队都培养成和我一样甚至比我更优秀的设计师，因为一个人强大并没有用，整个团队强大才是真的强大。而公司的话，希望能向全能化的方向发展，因为我们一直推崇的是设计，而好的设计还需要施工、材料等方面来进行配合，不能局限于一个领域。

代表作品

1 春江郦城
2 阳光海岸

→ 1

→ 2

项目与故事

多变而自由,发挥空间大局观,
打造现代时尚天地

Express Big Picture with Various and Freedom
and Create a Modern Fashion World

项目名称 / 玫瑰园
设计公司 / 力设计
设计师 / 力楚
项目地点 / 浙江金华
主要材料 / Natuzzi家具、锐驰家具、力设计软装、力驰暖通、LD陶瓷、比美地板、博宁橱柜等
摄影师 / 林峰

01 / Firstly

开放区域下,制造情感交流空间

在如今个性化剧增的时代,住宅空间也需要告别千篇一律的模样,打破传统和标准,除了满足基本生活需求之外,更多的呈现出大家对生活美学的一种追求。而本案的设计,为满足业主的需求创造了新的可能性,彰显了空间的个性和态度,为业主打造了一个居住感极佳的住宅空间。

交流增进情感,在忙碌的日子里,对于本案热情好客的主人来说,没有什么能比在自己的小天地里拉上三五好友一起谈笑风生来得重要。他们希望自己在家时能将亲朋好友聚集于此,闲暇时间欢声笑语、衣香鬓影、筹光交错足以。而设计师为了满足业主需求,将整个一层空间变为开放区域,将客厅、厨房、餐厅自然融为一体,各个区域开放相连,光线和气韵也随之生动起来。

天然木皮电视背景、布料沙发,以及天然纹理雪花白大理石温润如玉,木质背景墙仿佛冬日暖阳,带着璀璨的正能量,而其背后竟还藏着所有的影音设备。在家具的相互映衬下,整个一层空间开放连通,显得明亮而洁净。

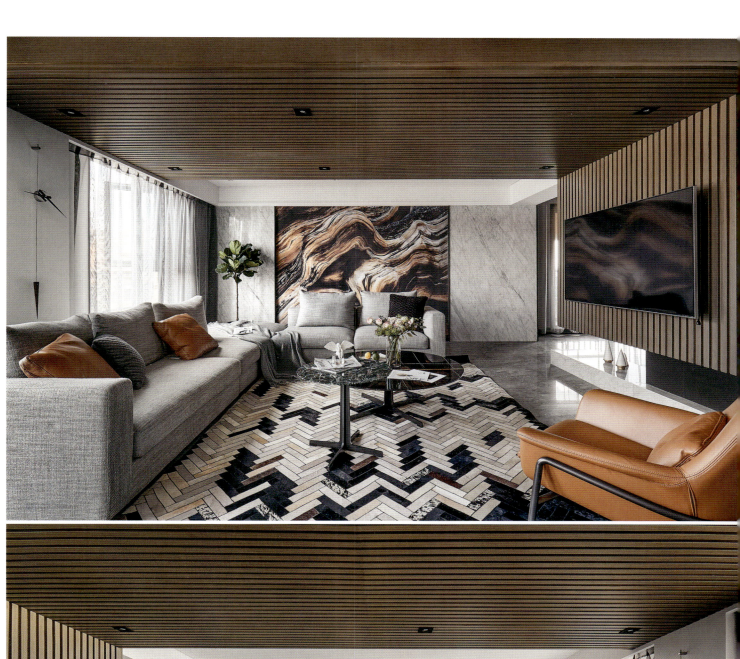

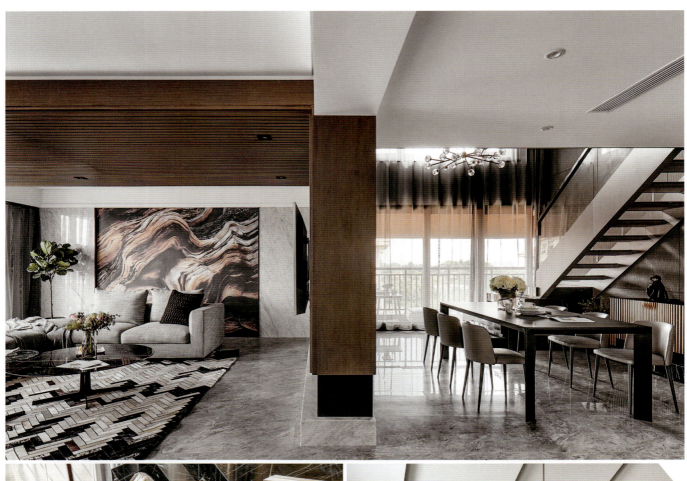

02 / Secondly

中性简约风格，彰显主人个性

希望这个家的装饰尽量趋于中性、干净、简洁，不要过于风格化，是本案主人的另一要求。于是设计师在此基础上选择了大量自然的材料，以木质和石材为主来装饰墙面和地面，尽显简约利落。

餐厅木质餐桌搭配皮质餐椅，在造型感十足的吊灯下，整个空间质感十足。随着大理石铺陈的楼梯而上，是主人的主卧区域，淡雅的色调同样符合主人喜欢中性的审美趣味，私密空间下似也透露着主人干练、沉稳的品质。

一层平面图

二层平面图

03 / Thirdly

放慢脚步细品"慵懒"一角

现如今快节奏的生活下,私人空间总是能让人足够的心安。在某个温暖的午后,慵懒的像只猫咪,蜷缩在摇椅上,一杯咖啡一本书,足以沉淀心中的焦躁不安;亦或是邀上几个闺蜜闲聊小聚,倾听与诉说,总是能给你带来不一样的人生感悟;又或是什么也不说不做,却也少不了自我放空的时间。一楼的休闲区便是女主人最爱的"慵懒"空间,在这里度过的时间,总是值得细细品尝。

04 / Fourthly
回归天真无邪的烂漫美好

孩子的世界单纯而美好，总是有一双善于发现美的眼睛，有着对未知事物无止尽的想象和探索。当我们习惯了日常的审美，不妨跟随孩子的脚步换一种看待事物的角度，也许你能看到被忽略的那些小细节，而生活中的很多感动往往源于此。本案的小主人便是这样一位天真可爱的孩子，于是设计师将小主人的生活方式也考虑其中，趣味横生的壁纸、蓝黄撞色的布艺窗帘、鲨鱼元素的的床品以及有趣的衣柜设计，为小主人打造了一个清新明亮又活泼的生活空间。

▲ 拍摄时最佳模特——毛妹，时而安静时而活泼，猫咪的出现，为整个空间增添了几分温馨和生动。

实现梦想的过程不总是一个人，这个设计师集结了一群人！
This Designer Unites a Group of People to Achieve Dreams

设计师档案·设计师访谈·项目与故事

荣获 2018 APDC 亚太设计机构十佳

荣获 2018 APDC 亚太设计师大赛"样板房空间"至尊奖

荣获 2018 美国室内 INTEIOR DESIGN "居然设计杯"室内设计大奖赛银奖

荣获 2017 中国国际设计周实际品牌推介人物

荣获 2016 APDC 亚太设计师大赛"商业空间设计"钻石奖

扫码查看电子版

戚晓峰 / Xiaofeng Qi
浙江大器空间设计有限公司　创始人｜设计总监

设计师档案

　　戚晓峰从事建筑及室内设计行业 15 年，于 2012 年成立大器空间设计，是一家集建筑装饰设计、软装配饰一体的专业设计公司，专业领域涉及全面家居解决方案、综合示范单位、售楼中心、会所、高端私宅、办公、餐饮、酒店等，致力于提供国际一流水平的设计作品。

　　他坚信——设计是设计者与使用者的合作作品，主张从多维度思考空间使用者的习惯与需求，以"不以物喜，不以己悲"为指引，探索良好的设计境界，以"不急不躁，不卑不亢"的专业精神服务于所有对空间设计有追求的人。

视界对话戚晓峰

众人拾柴火焰高，团队是1+1大于2

您的艺名叫"大器"，创立的公司也叫"大器空间"，"大器"这个名字有没有特殊的含义或者故事呢？

戚晓峰：其实并没有特地取过艺名，可能"大器"叫法比较顺口，有些朋友直接这么叫我，就"被艺名"了。至于公司名，"器"乃容，乃度，"大器"乃大气度、大格局，或亦为创作该有的一个胸怀，一个高度。

您在2013年创立了大器空间，是什么原因让您决定成立自己的设计团队？

戚晓峰：设计是种表达手段，一伙身怀各种设计技能的人在一起才会有更好的、更有效率的表达，而通过这种共同的表达，创意才能得到抒发，想法才能带来各方面的价值，当然也包括商业价值。因此，成立设计团队是想将几个人的想法聚起来，以合作的方式在一起表达，这样才能更有效地实现价值。

在您看来，一个设计师至少需要具备哪些前提条件或能力，才适合独立出来组建自己的团队？

戚晓峰：要有分享心态、专业精神，还要有客户价值意识。

目前您对自己公司的发展还满意吗？之前有没有做过一些预期？

戚晓峰：我对公司发展的不同维度的满意度是不一样的。对于产值利润之类的预期不高，这方面比较容易达到满意的状态。其次，对团队的持续创造能力，以及公司的管理能力方面，离自己的预期还有较长的距离。

从设计师到设计公司负责人的跨度，期间一定会承受很多压力吧？哪些方面的压力会最大？您是如何舒压的呢？

戚晓峰：我个人感觉从设计师到老板之间没有跨度，只是不同的说法而已。一直认为自己是个有能力把一些设计师团结在一起，从而更有效地表达、放大价值的设计师。

创业的压力，我想任何行业的创业者都会有，而设计师的最大压力，往往是表达的效率会出现较大的障碍。设计师的舒压，我认为逃离或解脱一阵时间是不足以切实解决问题的——解铃还须系铃人。我的舒压还是在于多维度思考障碍、压力本身，比如，自己的设计表达与客户需求之间的偏差度是否较大，创意与认知的桥梁是否不够等等，思考过后脉络疏通了，压力也就释放了、流走了。

会不会有感觉到非常迷茫的时候？当时是怎么度过那个阶段的呢？

戚晓峰：我感觉每个阶段会有不同的迷茫，会感到迷茫是因为未知，但只有"未知"才是"得知"的动力，所以，在我看来迷茫也是一种动力，这样想的话，相比起来，没有任何迷茫是比较可怕的。

▶ 提要 / Profile

- 设计是一种表达的过程，成立团队则是表达并实现共同诉求
- 面对压力和迷茫，逃避是解决不了的，我选择正面迎战
- 生活可以独立于工作
- 保持良好的自我调节能力

→ 绍兴尚都会

从事室内设计这么些年,一定有一些自己始终在坚持的理念,可以跟我们聊聊吗?

戚晓峰: 是理念,也是信念——"不以物喜,不以己悲"以及"不急不躁,不卑不亢"。换个说法,也是我前面第三点讲到的"分享心态,专业精神,客户价值意识"。

在心态上追求"不以物喜,不以己悲"的境界;专业上追求"不急不躁"的专业精神,有些地方说的"匠心"我觉得也有这个意思;而对待客户则要有"不卑不亢"的精神。

就拿《海上明月》这个项目来说,您是怎样在空间中体现自己的设计理念的?

戚晓峰: 住宅的核心始终是"住"的功能,所有的空间表达,一定是以客户的体验感受为核心的。所以设计师在面对住宅的空间尺度、家具的尺度和部品的密度方面,在将理论付诸实践的阶段,都要有细致的把握。

另外,人在空间内不同的生活区域,会有些视觉体验,也就是能看到的不同的"景"。这些景的呈现并不是我们为了造景而造,不是强制性摆放一些所谓的装饰品或艺术品去造景,而是这些艺术品都来自于客户的生活,是为他们而摆设的,如此而布下的小景构成了一个贴合客户的生活场景,并突显了客户追求美好生活的形象。

听说您曾经在西藏流浪了一段时间,是出于什么原因呢?设计师偶尔出去放空一下自己,是否很有必要?对您之后的工作或者设计,是不是有一定帮助?

戚晓峰: 体验是我生活的一部分,设计师也要懂得体验生活、感知生活,而生活跟工作可以是互相独立的,没有想过和设计本身会产生关联。

您是一个比较随性自由的人,在公司管理上也是这样吗?

戚晓峰: 在公司管理上不可能随性自由,公司需要有一些管理的制度和方式、方法,只有合理而有效实施的管理制度,才能让我有更随性的机会。

作为团队领头人、管理者,您是如何把握团队管理的松弛程度的?

戚晓峰: 量力而行。尽管目前团队的协作状况很好,但我们对业务的导入量还是会有整体的控制,相当长一段时间内,还是会安排合理的学习和休闲时间来与工作相结合,另外,我们会引导同事,也会有一些自我调节。设计是个辛苦的行业,设计师如果要保持持续创造力和不断产生创意的能力,是要有良好的自我调节能力为基础才能实现的。

最后,想听听您关于公司的工作环境的看法,工作环境对于设计师的工作是否有直接影响呢?具体表现在哪些方面?

戚晓峰: 设计师的工作就是要创造环境,而环境对于人的影响是有明显的直接作用的。设计工作本身已经比较紧张了,脑袋往往需要不断地高速运转,因此,大器努力给设计师创造的是一个相对轻松的环境,比如我们的别墅工作室,会打造一个相对放松、能激发想象力的工作环境。

→ 1

→ 2

代表作品

1 临安西望
2 杭州海上明月

项目与故事

海上升明月，芳华落人间
Bright Moon Rises above Sea and the Youths Come to Real Life

项目名称 / 海上明月

设计公司 / 浙江大器空间设计有限公司

设计总监 / 大器

设计团队 / 贺芳波、冯珏、莫露佳

项目地点 / 浙江杭州

项目面积 / 215 m²

摄影师 / 一言

01 / Firstly

给热爱艺术的人构筑艺术的天堂

　　艺术，是很抽象的东西，却深藏着主人许许多多的情感。当艺术通过创作变得具象化，便包含了创作者对万物的理解与情感，是无形情感的形象表达。室内摆放了许多艺术品：冲击眼球的挂画、优雅的雕塑、精致的杯瓶等等，点点滴滴都体现着"用心"两字，是对主人爱好的尊重与钦佩。

02 / Secondly

空间布局规划生活轨迹

客厅和餐厅是全开放模式,客人来了就像一个温馨的家庭 Party,墙上的雪山宏图,甚似一场户外旅行。主人房的轻奢明朗,老人房的优雅宁静,儿童房的击剑梦……每个角落里都弥漫着精致优雅而绅士的气息。

简约而不简单,一个称得上好的家,不是看房子有多大,也不是看格局有多赞,最关键的还是要看设计品味,要体现主人的气质和艺术气息。

一层平面图

设计 Tips

餐厅处展示油画作品具有极强的观赏性,以变化的线条、简单的色彩描绘雪山的形态与个性,给简洁的客餐厅空间增加了审美效果,"少即是多","多"与"少"在艺术世界往往不存在冲突。

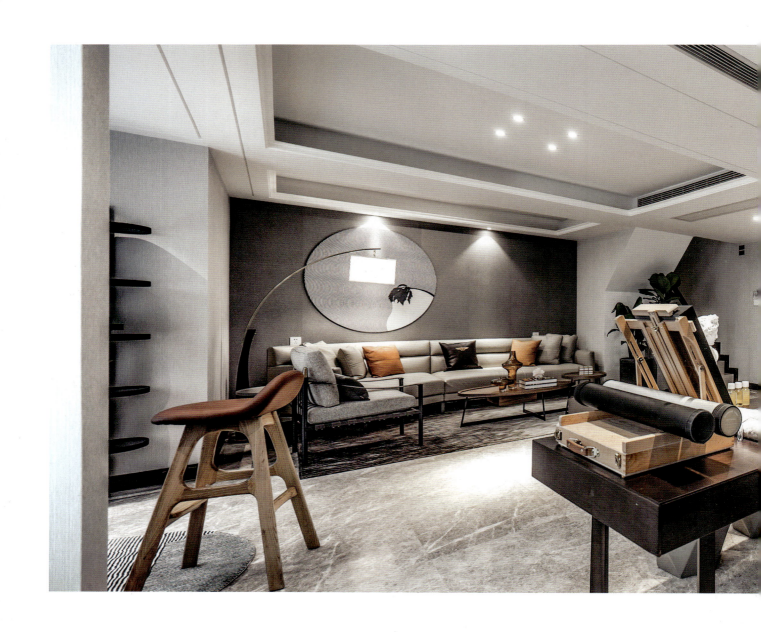

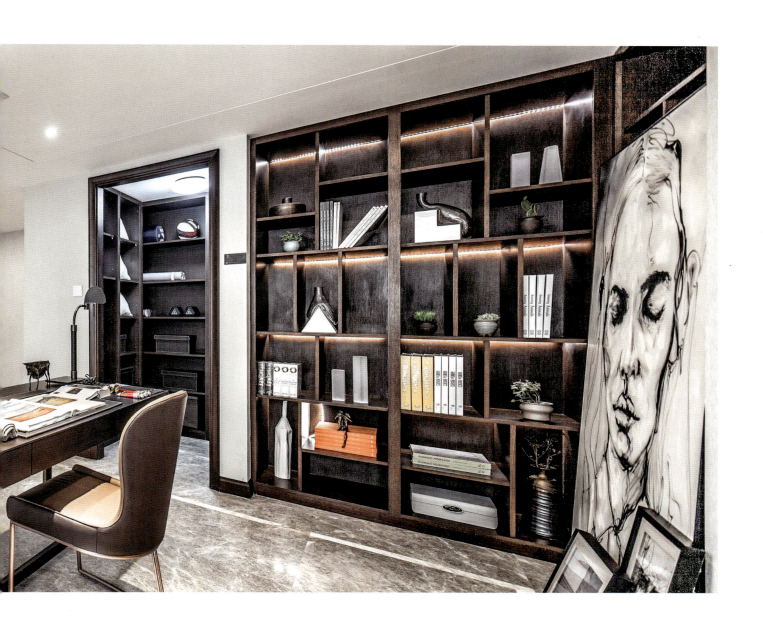

R 191	R 68	R 56	R 241
G 142	G 60	G 49	G 239
B 104	B 58	B 49	B 234

各个区域的配色方案皆以沉静拼合的灰白色做基底，在此基础上做沉稳大气的色彩搭配。以一层的接待空间为例，整体以灰色营造干练而柔和的气氛，无主灯的照明设计将主角还给了空间，弧形的中式落地灯结合墙上意境挂画，勾画出了内涵而风雅的中式意蕴，射灯的照射是强调的笔法，切实打造出主人喜爱的艺术气息。

空间用材强调品质与质感，细腻的皮质与温和的布艺是高质感的明显体现，木质桌几是温和氛围的关键所在。配上橙色、咖色的抱枕让环境明媚鲜活起来，而渐变色的棱格地毯则在地上蔓延出色彩的能量，无声中将所有部件都融合起来，让所有配件都显得自然而协调。

281

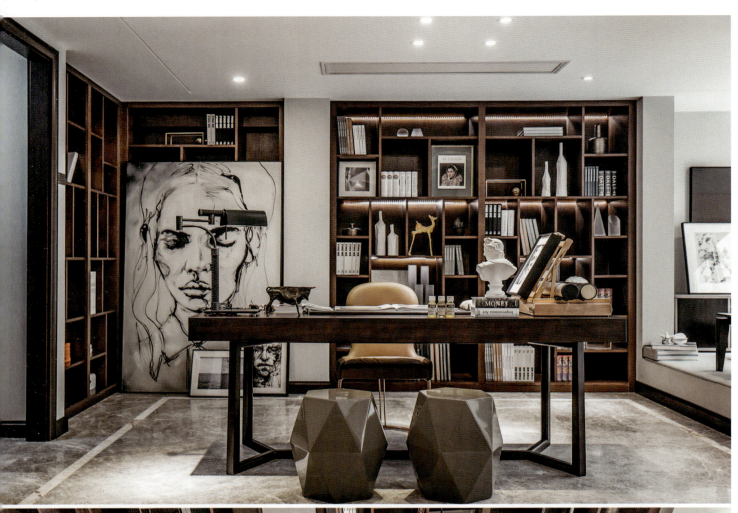

03 / Thirdly

如创作艺术品一般创造一个家

考究的灯具、慵懒的榻榻米、悠闲的休息区、配置完美的工作区……每一处的细节都值得细细品味，如果放大来欣赏那又是一副美妙的图画。每一个角落的每一处片段截取都有其独特的美和作用，如不刊之论之于写作，精妙得当又缺一不可。

有一个放不下的爱好，需要家来成全

绘画是一件非常解压、舒适而具有艺术气息的事，艺术空间的精致和艺术性体现在一个小小的不起眼的角落，陶冶着主人的情操，给空间画龙点睛的一笔。在生活上，主人是怎样的精致布置呢？

一层工作区的那幅苍劲的画像给整个工作室增添了巨大的视觉冲击力，让人忍不住凝视许久并陷入思考。采光天井里的巨幅写意画，远看有徽派建筑的意境，细看有瀑布的动感，艺术大抵如此，赤裸裸的反而太单调，值得玩味儿的才更美妙。

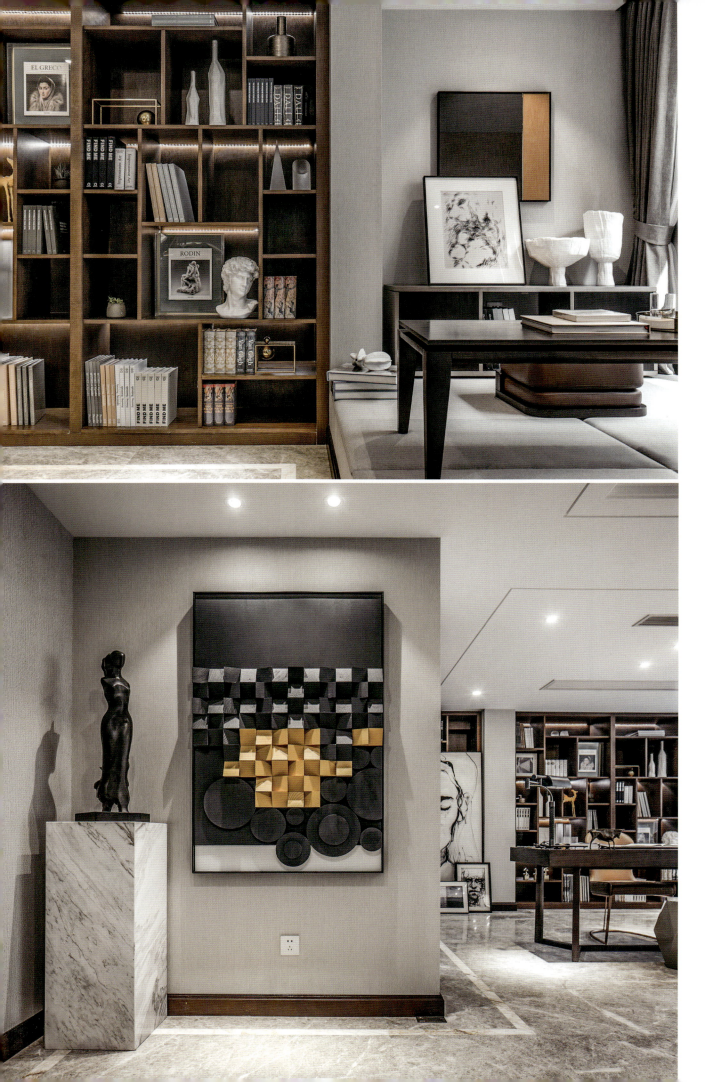

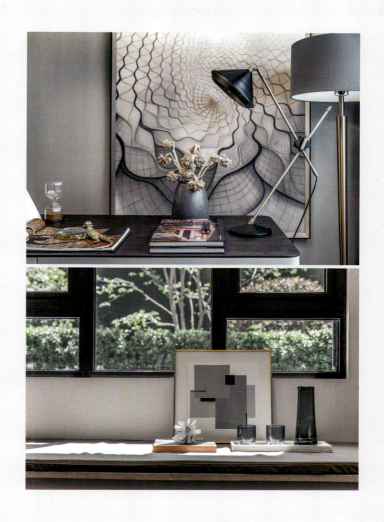

负一层平面图

人们说,生活是一场旅程。那么,家一定是你在茫茫人生中最喜欢的一个地方,你会把旅途中收获的纪念品带回去偷偷珍藏,也会把经历过的欢笑和眼泪带回去小心安放,甚至把自己所喜欢的所享受的空间带回家,过着精致的生活,做个精致的主人。

285

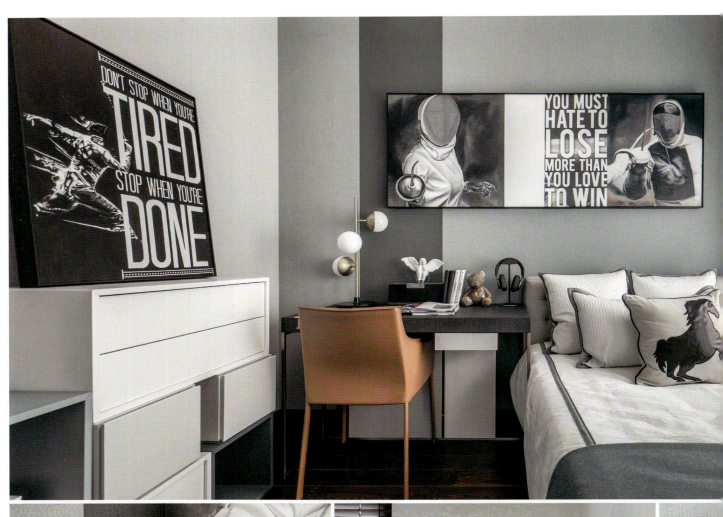

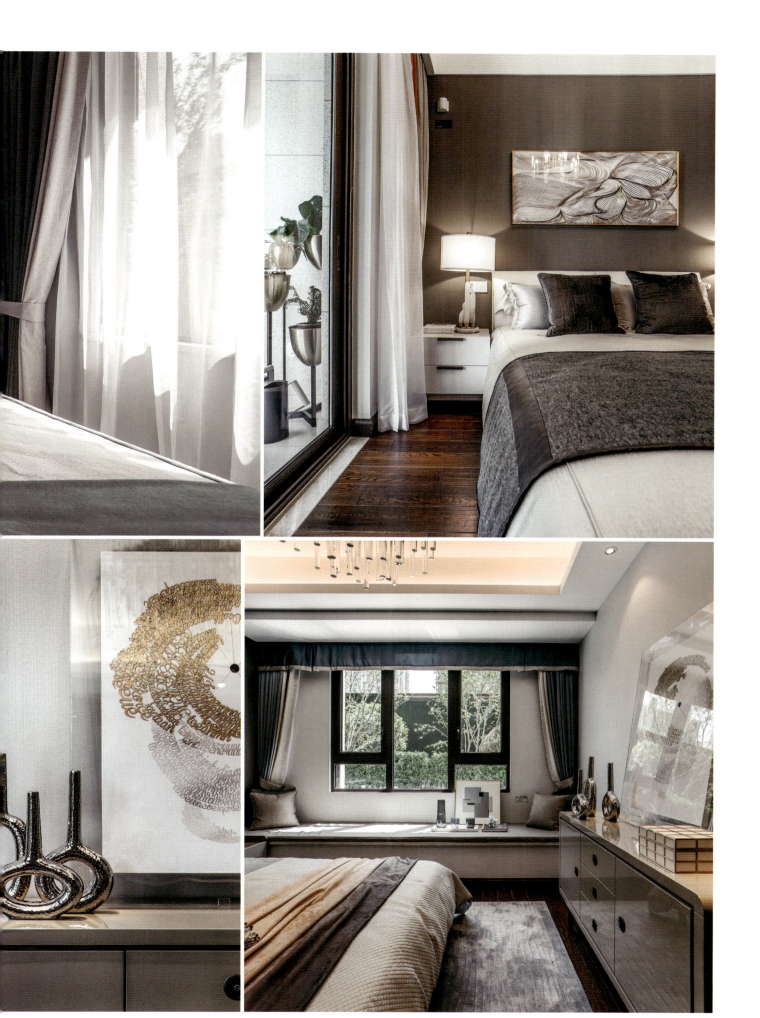

图书在版编目（CIP）数据

优秀青年设计师：优秀室内设计师诞生记 / 深圳视界文化传播有限公司编． -- 北京：中国林业出版社，2019.3
ISBN 978-7-5219-0173-3

Ⅰ．①优… Ⅱ．①深… Ⅲ．①室内装饰设计－设计师－访问记－中国－现代 Ⅳ．① K825.72

中国版本图书馆CIP数据核字（2019）第146905号

编委会成员名单
策划制作：深圳视界文化传播有限公司（www.dvip-sz.com）
总 策 划：万　晶
编　　辑：杨珍琼
校　　对：徐萃　尹丽斯
翻　　译：马　靖
装帧设计：叶一斌
联系电话：0755-82834960

中国林业出版社 · 建筑分社
策　　划：纪　亮
责任编辑：陈　惠　王思源

出版：中国林业出版社
（100009 北京西城区德内大街刘海胡同 7 号）
http://www.forestry.gov.cn/lycb.html
电话：（010）8314 3518
发行：中国林业出版社
印刷：深圳市汇亿丰印刷科技有限公司
版次：2019 年 8 月第 1 版
印次：2019 年 8 月第 1 次
开本：210mm×295mm，1/16
印张：18
字数：300 千字
定价：298.00 元 (USD 62.00)